28035

PROJET

D'ENQUÊTE VITICOLE

©

PROJET

D'ENQUÊTE VITICOLE

ACCOMPAGNÉ DE DIVERS AUTRES PROJETS

RELATIFS A LA VITICULTURE ET A L'INDUSTRIE DES VINS,

ET DE REMARQUES SUR DIFFÉRENTES QUESTIONS

D'ÉCONOMIE AGRICOLE ET DOMESTIQUE

PAR J.-M. GRIVEL

Propriétaire au Bois-d'Oingt (Rhône)

JUILLET 1867

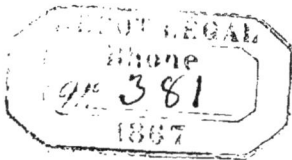

LYON

ASSOCIATION TYPOGRAPHIQUE LYONNAISE

Regard, rue Tupin, 31

1867

PROJET

D'ENQUÊTE VITICOLE

La France est, par rapport à sa position géographique, à son climat tempéré, à la fertilité de son sol et à la variété des produits de celui-ci, le pays de l'Europe et peut-être du monde où l'agriculture possède les plus riches éléments de prospérité. La sollicitude que lui accorde l'administration supérieure se manifeste constamment dans les réunions des Comices agricoles , dans les Concours régionaux et les Expositions locales. Cette sollicitude, en se combinant avec les vues généreuses de l'Etat envers elle, nous fait espérer que son développement suivra désormais une marche régulière et progressive, et que ses ressources s'accroîtront en raison des sacrifices qui sont faits pour l'encourager et lui venir en aide et de l'activité que déploient nos cultivateurs laborieux et infatigables.

L'Empereur et son gouvernement ont compris les besoins de notre époque, d'abord, en créant de grands travaux, secours plus féconds pour les ouvriers que des droits politiques et plus efficaces pour les pauvres que des aumônes, ensuite, en organisant un vaste système de communications, subside plus direct plus fructueux pour l'agriculture, le commerce et l'industrie que toutes les subventions pécuniaires.

Les avantages naturels et exclusifs dont jouit notre industrie agricole et les bienfaits qui lui sont si libéralement départis, favorisent au plus haut point le perfectionnement des cultures, l'accroissement de la richesse territoriale et assurent aux travailleurs de la terre, si dignes d'intérêt à tant d'égards, une rémunération satisfaisante, légitimement due à leurs vigoureux efforts et à leur aptitude agronomique, bien qu'elle soit encore inculte.

Notre agriculture se trouve donc, actuellement, grâce à un heureux concours de circonstances et surtout à l'assistance de l'État, pourvue de nombreux et puissants instruments de fécondité. Des fleuves majestueux auxquels de superbes canaux servent de traits d'union, et bon nombre de rivières navigables, divisent en riches bassins revêtus de toutes les splendeurs de la nature, nos diverses régions agricoles; et, tout en concourant au service général de la circulation, arrosent et fertilisent notre territoire baigné extérieurement par deux grandes mers qui permettent à la navigation maritime, devenue le complément du railway, de transporter nos produits territoriaux et industriels sur tous les points du globe, et à nos ports échelonnés sur l'étendue de nos côtes, de recevoir en échange ceux qui nous arrivent sur d'innombrables navires, des colonies, des tropiques ou de toute autre contrée lointaine. Ces ports sont destinés, par la transformation qui s'opère dans la messagerie et celle que ne manquera pas d'occasionner le percement de l'isthme de Suez, à devenir les entrepôts du commerce universel.

Notre pays a une superbe configuration, des aspects splendides et une position topographique qui sert admirablement les intérêts de l'agriculture. De belles routes le parcourent en tous sens et d'une extrémité à l'autre. Le réseau de nos chemins de fer, dont on poursuit avec activité l'achèvement, ne tardera pas à relier toutes nos cités entre elles, à les mettre en relation intime avec la capitale qui, au moyen du rayonnement et des ramifications des lignes qui partent de son sein et aboutissent à l'extérieur, établit un lien facile de correspondance et un moyen de transport rapide entre les différentes parties de l'Empire et toutes les contrées de l'Europe. Comment s'étonner que ce pays rayonne d'un si vif éclat dans le monde par son commerce, son industrie, ses arts, sa civilisation, lorsque tant de voies de communication facilitent ses rapports extérieurs et que l'on voit la Providence lui distribuer à profusion ses biens les plus précieux !

Un Anglais, homme d'Etat illustre, après avoir parcouru toute la France, admiré ses sites riants et pittoresques, considéré attentivement la puissance de production de ses vignes, comparé cette production avec celle des terres de son pays, et tiré de ses investigations une conclusion économique, disait dernièrement en notre présence, que notre contrée est la plus belle, la plus riche, la plus fertile du monde, qu'elle ressemble à un immense parc décoré avec beaucoup d'art et de goût, où l'on retrouve réunies toutes les choses utiles et agréables à la vie.

De quel étonnement ne seraient pas frappés les anciens habitants de cette contrée, autrefois toute couverte de forêts, de terres insalubres, et traversée par des rivières embarrassées de rocs tombés dans leurs lits et d'arbres arrachés à leurs rives, qui n'avait que quelques routes peu sûres, des chemins effondrés et tortueux tracés sur le bord des précipices ou à travers des campagnes désertes, s'ils la revoyaient telle que nous la connaissons et qu'elle est sortie des mains de la civilisation.

Ils ne pourraient croire que tant de prodiges accomplis pendant le cours des siècles soient dus au travail et à l'intelligence de l'homme. Ils marcheraient de surprise en surprise et admireraient principalement le génie de l'industrie agricole qui a défriché les bois, desséché les marais, suspendu les vignes sur le penchant des coteaux et fait ondoyer les épis dans la plaine. Ils seraient émerveillés à la vue de tant de choses imposantes, au milieu desquelles s'élève la reine des cités, et ne comprendraient pas que la navigation fluviale qui, de leur temps, était l'unique moyen de faire arriver avec quelque célérité les objets d'un lieu à l'autre, et qui a, depuis l'invention de la vapeur, rendu de si grands services à l'humanité, se trouve de nos jours supplantée par les chemins de fer, qui résument toutes les fonctions et l'activité de la locomotion.

Nous assistons à un beau spectacle, celui que nous offrent les découvertes de la science aux prises avec les éléments naturels partout asservis par elle à nos besoins.

Si notre outillage agricole et industriel n'est pas encore complet, il est cependant organisé de manière à servir efficacement le génie de la production. Son fonctionnement admirable imprime une nouvelle impulsion à toutes nos forces actives, qui reçoivent ainsi un plus grand emploi et deviennent de plus en plus productives. Le progrès dans les arts industriels a fait un pas immense. En présence de ce mouvement d'expansion, l'agriculture ne devait pas rester en arrière dans un état d'immobilité et abandonnée à elle-même. Les encouragements et les bienfaits qu'elle obtient, lui fournissent les moyens de se déterminer librement, et cela avec d'autant plus de facilité que nos principales cultures sont dans une situation des plus florissantes. Celle de la vigne, qui doit sa haute prospérité à des circonstances de lieux exceptionnelles, a pris une grande extension depuis 1789, époque où l'on reconnut que les produits acquis par le travail de l'homme devaient être sa propriété exclusive et où la terre fut définitivement affranchie des droits féodaux qui pesaient si lourdement sur elle, et passa, en se mobilisant pour ainsi dire, entre les mains de celui qui la cultivait et dont elle semblait être l'apanage naturel, en vertu du droit de propriété inhérent à la liberté du travail consacrée par la Révolution.

La grande propriété territoriale, que les anciens possesseurs de fiefs avaient jadis transmise à des seigneurs remuants et que ceux-ci livrèrent, considérablement réduite, aux châtelains du temps de Louis XIV, de Louis XV et de Louis XVI, qui la restreignirent encore pour subvenir à de folles prodigalités, était depuis longtemps mal administrée et cultivée. Elle tombait graduellement en ruines, et son rapport diminuait à mesure qu'elle perdait de sa valeur et que sa faculté productive se dépréciait. Elle cessa d'exister et fut en quelque sorte mise en pièces après la Révolution, par suite de l'abolition du droit d'aînesse, de la nouvelle réglementation intervenue dans l'ordre des successions, et surtout par le fait de cet instinct ardent de convoitise qui portait alors nos paysans à faire les plus grands sacrifices, à s'imposer un travail ardu, excessif et les plus dures privations pour arriver à la possession d'un coin de terre qui à leurs yeux était la marque la plus évidente de l'indépendance.

Le cultivateur émancipé met dès ce moment toute son ambition dans l'acquisition et l'agrandissement du domaine patrimonial et tout son orgueil dans le titre de propriétaire, et il arrive par une lutte obstinée, par des soins laborieux et persévérants et une économie sévère, à devenir presque entièrement maître du sol : il va vivre maintenant heureux et libre, là où ses devanciers étaient autrefois attachés à la glèbe. Singulier retour des choses d'ici-bas !

La vigne, que les anciens avaient en grande vénération et à laquelle ils eussent volontiers et sans scrupule, rendu le même

culte que celui qui était professé par les Gaulois pour le gui,
leur plante sacrée, est originaire de l'Asie. Sa culture com-
mença à se développer dans les provinces méridionales de la
Gaule, sous la domination romaine, et ne tarda pas, après
avoir découvert que certains sols lui étaient extrêmement pro-
pices, à se propager dans ces pays et à y former les établissements viticoles les plus importants de l'Europe. Elle resta
confinée pendant tout le Moyen-Age sur les coteaux les
mieux exposés, et tournés pour la plupart du levant au cou-
chant, ne donnant qu'un fruit rare mais délicieux. La féodalité
réglementa sévèrement les plantations de vignes et entrava la
production par des mesures restrictives et des prohibitions
de toute sorte. Le peuple des villes et celui des campagnes,
connus sous le nom de vilains et de manants, ne consommaient
qu'une faible partie des vins récoltés. Comme les routes et les
chemins vicinaux étaient partout mal entretenus et difficilement praticables, les produits des vignobles étaient trans-
portés à leur destination à dos d'âne et de mulet, dans des
outres ou des vases vinaires en bois de forme oblongue et aplatie.
La production vinicole, de même que la vigne, était soumise au
régime exacteur et oppressif de la fiscalité féodale et aux vices
des anciens impôts qui faisaient que celui qui avait moins payait
plus et que le fardeau allégé pour le riche pesait tout entier
sur le pauvre. Le petit propriétaire viticole, longtemps encore
après l'affranchissement des communes, ne pouvait exporter
son vin hors du fief de son seigneur sans l'autorisation de celui-ci.
Les fantaisies de ce despotisme avaient cependant un bon côté :
le vin ordinaire était dans ce temps bien meilleur qu'aujour-
d'hui, parce que la culture de la vigne était infiniment plus
restreinte, et que la consommation des boissons était très-
limitée. Les qualités de nos grands vins étaient bien supérieures
à celles que nous leur connaissons maintenant, attendu qu'on

ne plantait la vigne que sur des terrains choisis et désignés qui lui étaient appropriés de longue date, qu'on n'abusait pas des engrais (les vignobles les plus estimés les rejetaient totalement, et les autres ne faisaient usage que du fumier végétal), et que la grande culture était partout pratiquée. Les riches vignobles du Beaujolais fournissaient des vins délicats qui ont perdu énormément dans l'estime des consommateurs, depuis qu'on en produit en si grande quantité et que, pour les colorer, on les laisse fermenter outre mesure. Ces riches vignobles appartenaient exclusivement aux sires de Beaujeu, ceux de la Bourgogne étaient en grande partie la propriété des ducs de ce nom.

Le goût exquis, la finesse et les diverses propriétés des vins bourguignons de haute qualité doivent incontestablement leur faire occuper la place d'honneur dans nos caveaux et sur nos tables. Le vin de Bourgogne est véritablement notre vin national, quoique les autres grandes espèces aient aussi leur mérite particulier. Ce vin convient parfaitement à l'esprit de nos Français, qu'il inspire, excite et égaie; à leur caractère, qu'il rend aimable, enjoué et porte à de nobles actions, ainsi qu'à leur tempérament, qu'il fortifie et conserve. Nous allons sans doute étonner beaucoup nos lecteurs en leur apprenant que ce divin nectar, comme disent les chansonniers, nous a fait gagner plus d'une bataille en réchauffant l'ardeur belliqueuse de nos chefs militaires, en animant le courage de nos soldats, et en donnant naissance à des œuvres poétiques et littéraires sublimes. Notre plus grand poète est né en Bourgogne, et Béranger qui préféra, dit-on, dès sa plus tendre enfance, le vin au lait, fut aussi élevé dans cette contrée. Si la nation française est la plus spirituelle, la plus guerrière, la plus chevaleresque de toutes les nations, c'est parce qu'elle produit les meilleurs vins de la terre. Les pays qui abondent en vins fins et généreux ne manquent jamais d'hommes supérieurs : la Bourgogne en a fourni une foule.

Le vin que nous préconisons a une réputation universelle ; il a été de tout temps un objet de prédilection pour la consommation opulente, et fit jadis les délices des rois, de leurs cours et de la noblesse. Napoléon Ier, qui connaissait aussi bien le vin que les hommes, accordait sa préférence au Chambertin, qu'il disait être le premier de nos vins.

L'Assemblée constituante, en octroyant aux villes et aux campagnes de nouvelles franchises municipales, en décrétant l'uniformité des poids et mesures, l'enseignement et l'application du système métrique et la division du territoire en départements et en communes relevant directement pour leur administration d'un pouvoir hiérarchique centralisé, fit jouir ces communes d'un bienfait qui renfermait de précieuses immunités et assura en même temps la complète émancipation de l'agriculture. La production territoriale, débarrassée des entraves fiscales et des redevances iniques et vexatoires qui l'accablaient sous l'ancienne administration féodale, acquiert dans les garanties et la protection de la nouvelle législation des moyens d'action immenses qui activent les travaux agricoles et fécondent extraordinairement le sol. L'ouvrier de la terre travaille librement; il n'a plus à redouter les peines corporelles, qui ont disparu avec la torture. Le laboureur et le vigneron qui avant la Révolution arrosaient de leurs larmes et de leurs sueurs le champ d'un maître cruel et intraitable et qui ne recevaient pour prix de leur travail que de mauvais traitements, sont maintenant devenus les égaux de ce maître devant la loi, qui leur reconnaît une âme et un cœur. Les corporations ouvrières, les maîtrises et les jurandes détruites en 1789, ont fait place à la liberté de l'industrie et à l'initiative individuelle. Certaines pratiques de la glèbe, encore maintenues dans les habitudes domestiques des habitants de la campagne sous le règne du bien-aimé Louis XV, et sous celui de son pieux successeur, s'effacent. Des mœurs et des usages plus humains sont substitués aux restes de la barbarie féodale. Un nouveau système d'économie politique est inauguré. Les conditions du contrat de louage et d'apprentissage, celles des baux de la ferme et du vigneronnage ne dépendent plus, comme précédemment, du bon plaisir et de l'arbitraire. Elles rentrent dans les principes du droit commun. Des lois équitables règlent par de sages dispositions les devoirs du maître et ceux du travailleur. Ainsi le veut l'égalité devant la loi, qui a changé l'ordre de l'ancienne organisation économique et multiplié le nombre des propriétaires ruraux, chez qui la politique sage et libérale de notre gouvernement trouve aujourd'hui son plus ferme appui et un dévoûment à toute épreuve, parce qu'elle repose sur le principe égalitaire et fondamental dont nous parlons, principe qui fait sa force, la puissance, la grandeur et la richesse de notre pays.

De grands changements s'opèrent dans notre agriculture, à la suite du nouvel ordre de choses. La terre mieux cultivée, devient plus productive et acquiert une plus grande valeur. Le sol se couvre de riches moissons et de pampres verdoyants surchargés de grappes plantureuses. On s'occupe de tous côtés avec une activité fébrile à abattre les forêts, à défricher les bois, à dessécher les étangs, à assainir les terrains marécageux par des atterrissements, car le drainage n'est pas encore inventé, à ameublir les terres vagues ou incultes qui n'ont pas été fouillées et vont être maintenant régulièrement assolées. L'adresse du cultivateur s'augmente et lui permet de produire de plus grandes quantités de denrées avec une moindre dépense de forces. En beaucoup d'endroits on simplifie le travail de la terre par l'adoption de nouveaux instruments aratoires qui procurent une grande économie de temps et une réduction notable dans le prix de la main d'œuvre. Dans les contrées du Nord, où l'agriculture s'est perfectionnée depuis, si heureusement, on se livre à l'expérimentation de nouvelles machines qui apportent une modification avantageuse aux pratiques routinières que la tradition agricole semblait devoir perpétuer.

C'est de ce temps que date l'introduction dans la culture maraîchère de nouvelles plantes légumineuses et potagères, et particulièrement de la pomme de terre, récemment importée d'Amérique par l'immortel Parmentier. Cette qualification pourra peut-être causer quelque surprise ; mais en y réfléchissant bien, on la trouvera méritée, et l'on reconnaîtra que ce serait réparer un oubli regrettable et remplir un grand devoir de civisme, que d'élever une statue à cet immortel, qui a rendu à son pays un immense service. En faisant revivre avec le marbre ou l'airain la mémoire de ce bienfaiteur de l'humanité, l'agriculteur trouverait dans cette manifestation une marque flatteuse de considération et d'estime.

L'ensemencement de quelques plantes fourragères nouvelles, telles que la vesce, la luzerne, la gesse, la betterave, le pois-chiche-ramier, encore inconnues dans beaucoup de parages, et qui possèdent d'excellentes propriétés nutritives, viennent définitivement prendre place dans notre herbager, parmi nos végétaux nourriciers et augmenter les ressources du fenil devenues insuffisantes depuis qu'on élève pour l'étal, les courses, les besoins et les plaisirs domestiques un bétail plus nombreux. Le travail de la terre, stimulé par les diverses considérations que nous avons développées, procure le bien-être et l'aisance à une foule de cultivateurs et la fortune à beaucoup d'entre eux. Les plus heureux attellent un cheval de trait à la voiture de maître qu'ils possèdent et se font conduire bourgeoisement à la ville. Leurs repas se composent de mets moins

grossiers qu'autrefois, car le vin et le blé se vendent plus facilement et à meilleur prix ; ils commencent à faire usage de viande
de boucherie. Les éleveurs de la Normandie, du Maine, de la
Picardie, de la Bretagne, de l'Auvergne et du Charollais, pro-
pagent et améliorent avec une louable émulation les races
chevaline et bovine, qui comptent maintenant dix fois plus de
sujets que dans les temps qui précédèrent la Révolution ; mais
le gibier se raréfie, attendu que la chasse est plus libre et que
l'on détruit les bois et les forêts. La basse-cour compense cette
perte.

Les révolutionnaires doivent bien se porter, disait en 1790
certain marquis narquois qui monta plus tard sur l'échafaud :
le Mans, la Bresse et les plaines de la Loire, engraissent beaucoup plus de chapons, de poulardes, d'oies et de dindes que de
notre temps.

La culture de l'herbage devient excessivement abondante.
On a reconnu qu'elle donne un bénéfice net. En effet, de tous
les genres d'utilisation du sol, c'est celui qui exige le moins de
fonds et de travail. L'herbage améliore le sol et accroît la
masse des engrais. Les cultures fourragères, qui s'étaient si
bien établies alors, se sont restreintes depuis successivement.

Ces cultures enrichissent le propriétaire-cultivateur, le fermier et le vigneron qui savent les ordonner convenablement ;
elles indiquent par leur développement ou leur restriction le
degré du progrès de la culture générale dont elles sont la base,
sauvent les populations et accroissent la production de toutes
les denrées. Nos pays vignobles manquent actuellement de
fourrages. Ils ont supprimé beaucoup de prairies artificielles.
Les viticulteurs ne veulent pas comprendre qu'ils se font de
cette manière un tort considérable ; ils songent plus à agrandir
leurs domaines qu'à les entretenir convenablement.

La viticulture s'ouvre, quelques années après la Révolution, une large carrière et devient bientôt un objet de spéculation pour les nouveaux propriétaires exaltés par la perspective des gros rendements. Sous le Directoire, les idées économiques et agricoles, comme les mœurs, s'en vont à la dérive, et les vignerons s'abandonnent sans réserve à leur penchant pour la production excessive. Dès lors, la viticulture entre dans une phase de désordres. L'exploitation viticole, qui jadis était reléguée sur les coteaux, descend précipitamment dans la plaine, où elle se livre à des empiètements progressifs sur des terrains qui, de temps immémorial, étaient consacrés à la culture des céréales.

Une détresse s'ensuit. Les questions d'économie agricole, mal interprétées, font qu'on attribue la cause de cette détresse à la guerre qui, dit-on, enlève trop de bras à l'agriculture et ne lui laisse pas assez de bouches pour consommer ses productions. Cela dure jusqu'au premier Empire, époque où toutes choses rentrent dans l'ordre, et sont soumises à la direction du plus grand génie des temps antiques et modernes, qui préside aux destinées de la France et dispose à son gré du sort des nations. L'agriculture se ressent immédiatement de la haute et puissante influence qu'une administration habile, fondée sur de nouvelles bases, exerce sur tous les intérêts du pays.

Malgré les massacres de la Révolution et les guerres sanglantes dans lesquelles la France fut engagée sans relâche pendant plus de vingt ans, sa population s'accrut considérablement pendant l'intervalle qui sépare l'expulsion des Bourbons de leur restauration en 1815. C'est seulement sous l'Empire que l'abolition des entraves imposées au commerce intérieur, des priviléges féodaux de la noblesse et de plusieurs charges onéreuses inégalement réparties, se manifeste d'une façon ostensible au profit de la condition et de l'industrie des populations. Les moyens de subsistance augmentent et, chose particulière, le prix des denrées, au lieu de diminuer, se maintient à un prix des plus rémunérateurs pour l'agriculture. Grâce à l'élan donné au principe d'accroissement de la population et à celui de la production, par toutes les causes que nous avons désignées, on comptait en France en 1816, à la fin de la guerre, environ trois millions d'individus de plus qu'en 1789. L'agriculture, sous le premier Empire comme sous le second, fut chez nous très-productive et très-prospère, et c'est là une des causes qui ont rallié l'esprit et le cœur des populations rurales à la dynastie impériale, qu'elles croient avec raison prédestinée, puisque sous son sceptre Dieu protége visiblement la France.

Après la disparition du système politique de l'Empire, les agriculteurs perdent de vue les principes qui ont dirigé pendant quinze ans l'exploitation agricole. Le clergé, qui cherche à ressaisir son influence, les appelle souvent aux cérémonies du culte : de nouvelles fêtes à célébrer, de nouveaux saints à honorer leur font perdre un temps précieux que réclament les travaux des champs. On veut les obliger à croire que la prière suffit pour faire fructifier les fruits de la terre, et que la rosée et les bénédictions du ciel ne tomberont pas sur les champs de ceux qui ne les sollicitent pas constamment au pied des autels. Sensiblement, le cultivateur revient à ses coutumes précédentes : il met de côté les démonstrations de la science, nie la vertu de celle-ci, se fait juge des procédés agricoles les plus utiles aux diverses cultures et conteste l'efficacité de l'emploi des machines. Il s'abandonne aux errements d'une routine aveugle ; de sorte qu'il croit encore aujourd'hui, dans de nombreuses localités, où nous avons été témoin de la manière dont on cultive, qu'il n'y a rien de mieux à faire et à tenter, pour obtenir les résultats les plus satisfaisants, que de forcer la terre à produire avec excès. C'est un système admis que favorise, du reste, l'ignorance. Les habitudes invétérées de parcimonie, qui abrutissent la raison de nos paysans et détruisent ce qu'il y a de bon et de généreux dans leur caractère, semblent croître en raison de l'aisance et du bienêtre qu'ils acquièrent et les portent maintenant à supprimer de léta ble ces bons gros bœufs et ces magnifiques génisses à la robe chatoyante et lustrée de couleur blanche et verte qu'on y voyait il y a vingt ans, à les remplacer par des bêtes étiques et à se priver des instruments aratoires et des attelages commodes et confortables qui faisaient jadis l'honneur de la ferme et du vigneronnage. Les beaux animaux et les nouvelles machines restent l'apanage des agriculteurs-amateurs qui portent des habits. Les propriétaires aisés, qui fourmillent sur notre sol, deviennent spéculateurs et s'occupent de faire valoir leurs capitaux en dehors de l'agriculture. De toutes parts et dans toutes les conditions de la société, on court aujourd'hui après la fortune par des chemins où elle ne se trouve pas et où le plus souvent on rencontre la ruine. Chacun s'ingénie à découvrir les moyens qui peuvent enrichir vite sans l'aide du talent, ni le secours du travail. Mgr l'évêque d'Orléans doit voir dans ceci encore un signe du temps. Quant à nous, nous n'y voyons qu'un de ces travers du genre humain, qui sont inhérents à chaque époque de la vie des peuples, comme les défauts sont inhérents au caractère des individus. Peut-être, en y regardant de près, trouverait-on que c'est là un mal nécessaire, mais dont n'est pas exempt, malheureusement, le simple et paisible habitant de la campagne, qui oublie ainsi ses devoirs de bon cultivateur, et qui ne comprend pas qu'il lui serait indispensable d'élever le niveau de ses connaissances agricoles. Il manque à nos propriétaires ruraux la notion ample et claire de la production agricole économique, et à tous nos agriculteurs d'autres méthodes de culture.

La vigne est, d'après les récentes constatations que nous

avons faites en explorant nos vignobles grands et petits de fond
en comble et les preuves que nous avons trouvées dans des statistiques officielles et des documents authentiques, la plus riche
et la plus importante de nos cultures, par conséquent la première, quoique certains économistes agronomes mal renseignés
aient prétendu que celle des céréales lui était bien supérieure.

L'essor rapide de la viticulture date, comme nous l'avons
dit plus haut, de la Révolution. La surface occupée par les
vignes était, en 1788, de 1,231,410 hectares ; elle dépasse aujourd'hui 2,700,000, et atteindra dans peu d'années, nous en
avons la certitude, 3,000,000. Encouragés par les succès
qu'ils obtiennent, depuis douze à quinze ans que la production
vinicole est extrêmement abondante, nos vignerons mettent à
forte contribution les ressources de la vigne dans les vignobles
de création récente. Ils adoptent le système d'exploitation
le moins dispendieux et considèrent comme le meilleur mode
de culture celui qui favorise le plus leurs entreprises extra-pro-
ductives. Le morcellement excessif du sol, le rendement forcé
imposé à chaque parcelle de vigne, l'abus des engrais de mauvaise qualité et surtout des engrais chimiques dans quelques
parages, la préférence accordée aux gros plants et aux plants
teinturiers qui produisent abondamment, toutes ces causes et
d'autres encore qu'il serait trop long de citer, amèneront par
degrés l'altération des meilleures essences vinicoles et par suite
la dégénérescence des vins, si l'on ne s'empresse de remédier à
ces désordres.

La France est cependant, malgré les écarts de sa viticulture,
le pays qui produit le plus de vins et les meilleurs vins ; et c'est
à son industrie vinicole, qui occupe les bras et la tête de
plus de 3 millions d'individus, qui y trouvent leur fortune ou
leurs moyens d'existence, que nous devons les principales ressources de notre richesse agricole et commerciale.

La culture de la vigne en devenant notre spécialité agricol e est à même de produire beaucoup plus qu'elle ne pourrait naturellement le faire si nos agriculteurs se livraient indistinctement à des cultures diverses. La production du vin augmente rapidement et dans une forte proportion. Nous en avons récolté quatre fois plus dans la période décennale qui vient de s'écouler et qui a été close en 1866, qu'on n'en récolta dans la période correspondante qui précéda la Révolution. De 1840 à 1850, la moyenne de cette production, était de 75 à 80 millions d'hectolitres. Nous avons calculé sur des données exactes, qui sont en contradiction avec les calculs erronés de prétendues statistiques officielles, qu'elle a dépassé le chiffre de 100 millions en 1865, et celui de 120 millions en 1866. La quantité de produits viticoles que nous livrons actuellement au commerce d'exportation, s'accroît en raison directe de l'augmentation de la production. La statistique du stock des vins envoyés à l'étranger s'élève constamment et nous laisse croire que tous les pays de la terre doivent un jour recevoir de la France leurs meilleurs et plus forts approvisionnements. L'Amérique fait une grande consommation de nos vins, et l'Afrique leur a ouvert un immense débouché. Il y a vingt ans, nous fournissions à l'Italie 12,000 hectolitres de vin seulement ; nous lui en avons expédié, en 1866, un million d'hectolitres. L'exportation pour l'Angleterre arrive aussi à une progression rapide. Un relevé récent de l'administration des douanes nous fait connaître que nos exportations en objets d'alimentation ont atteint l'année dernière la somme de 839 millions de francs. Parmi les productions du sol, ce sont surtout les vins et tous les objets qui en dérivent qui ont vu s'étendre leurs débouchés. Nos bons vins ordinaires de ménage tirés des crûs secondaires alimentent la consommation étrangère de plus de cent millions d'individus. Quant à nos vins fins, qui sont partout très-estimés, on sait qu'ils approvisionnent les caves de tous les riches de la terre. Un ancien officier du premier Empire nous disait dernièrement qu'ayant assisté à toutes les grandes batailles livrées par l'Empereur, qui furent autant de victoires, il avait retrouvé le vin français à côté de la gloire partout où celle-ci avait conduit ses pas : dans les villes et les châteaux de l'Espagne, de l'Allemagne, dans les couvents de l'Italie et jusque dans les caves incendiées du Kremlin. Depuis cette époque à jamais mémorable, nos valeureux soldats sont allés sous l'égide du même nom et du même drapeau, vaincre et conquérir comme autrefois, sur divers points de l'Europe, par delà les mers, en Asie, en Afrique et en Amérique, chez des peuples à moitié barbares. Il est à croire que là aussi, ils ont pu déguster les vins de nos bons crûs, puisque l'Italie, la Russie, la Chine, la Cochinchine, l'Algérie et le Mexique en reçoivent de fortes provisions qui sont embarquées comme lest dans le fond des navires, et bonifiées d'une manière surprenante par le transport maritime.

Le commerce de l'exportation de nos vins doit indubitablement acquérir plus d'importance, prendre plus d'extension et se faire sur une vaste échelle, si nous savons l'organiser.

Nos 67 départements viticoles produisent une masse de vins fins et ordinaires, dont les espèces varient à l'infini, selon la nature, la latitude et les expositions des terroirs : mais ces vins perdent sensiblement leurs propriétés savoureuses et fortifiantes. Leur prix hausse avec la quantité et en raison inverse de la qualité. Ce phénomène, que nous avons observé dans tous nos pays vignobles, est difficile à expliquer et paraît être de prime abord une contradiction flagrante dans l'ordre de la production ; cependant, il a des résultats très-heureux pour la production, et n'est en réalité que la conséquence naturelle du mouvement de transformation qui s'opère dans le système général de notre économie politique, sociale et domes-

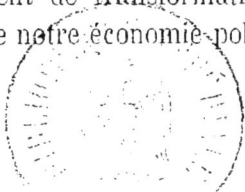

tique. Notre domaine viticole peut encore s'agrandir et voir augmenter considérablement son rendement, mais les viticulteurs doivent s'attacher à produire le vin de bonne qualité. Si nous récoltons tant de vins détestables, c'est au désordre de la viticulture qu'il faut en attribuer la cause et au morcellement indéfini des vignobles, lequel donne lieu à une question intéressante d'économie agricole sur laquelle on voudra bien nous permettre de dire quelques mots en passant.

L'opinion des économistes français et étrangers varie et n'est pas encore bien fixée sur cette grave question qui intéresse à un si haut point notre viticulture, et qui est traitée assez vaguement dans leurs écrits. Nous croyons, pour notre part, qu'il est nécessaire de diviser les biens-fonds, dans l'intérêt des cultures et des nombreuses familles de cultivateurs qui vivent de leurs coins de terre, mais il ne faut pas que cette division soit indéfinie, car alors elle aurait pour conséquence inévitable de détruire la faculté productive du sol en l'excédant, d'altérer la qualité des produits territoriaux, d'engendrer une foule d'autres maux funestes à l'agriculture et, finalement, d'ouvrir une source intarissable de procès et de contestations.

Le prodigieux accroissement des parcelles, qui se remarque dans plusieurs parties de la France, provient de l'appât qu'offre à la spéculation le morcellement lucratif des corps de biens et la latitude illimitée qu'on laisse aux héritiers de fractionner toutes les parties du territoire.

Le morcellement a, il faut bien le reconnaître, de nombreux avantages pour un pays où les cultivateurs sont laborieux et le sol fertile; mais à côté de ces avantages, il existe de graves inconvénients. Le cultivateur perd un temps précieux pour aller de l'une de ses pièces de vigne ou de terre à l'autre, lorsqu'il faut piocher, labourer, ensemencer, fumer et vaquer à tous autres travaux exigés par les diverses cultures. Il est

obligé de faire des dépenses de clôture, de supporter les empiètements et de se soumettre à des servitudes gênantes. Il ne peut
se livrer aux grands travaux comme le drainage, les irrigations,
ni employer les machines puissantes. En outre, le dépècement
des terrains provoque les prétentions des petits propriétaires
qui veulent avoir un patrimoine des mieux arrondis. La
plupart d'entre eux n'ont pas l'argent nécessaire pour solder
leurs acquisitions ; ils comptent sur les récoltes abondantes et le
bon prix de ces récoltes pour acquitter la dette qu'ils ont con-
tractée. Leurs espérances ne se réalisent pas toujours. Ils se voient
souvent obligés, après avoir exprimé les ressources productives
des lots de terre qu'ils ont achetés, de les revendre avec perte, et
quelquefois leur patrimoine tout entier, pour faire face à leurs
engagements.

La question du morcellement est ancienne. Elle a commencé
à éveiller l'attention des agronomes au milieu du siècle dernier.
Plus tard, les économistes s'en sont occupés et ont été frappés de
son influence par le développement de la population, l'amoin-
drissement de la qualité des denrées et la prospérité que la
petite culture a fait naître dans beaucoup de pays. A notre sens,
cette prospérité ne saurait durer longtemps : elle est toute factice.

On entend répéter partout que la bonne culture devient de
plus en plus difficile, que bientôt elle sera bannie en France et
que l'agriculture se comporte comme le commerce et l'industrie,
en faisant servir de base à ses opérations, les calculs de l'agiotage, qui la portent à spéculer sur l'achat et la revente des terrains et à provoquer incessamment leur partage, lequel atteint sur
certains points du territoire des proportions déplorables, principalement dans les pays vignobles, et réduit à l'état de non-
valeur une portion notable de la surface de notre pays. Dans
nos régions montagneuses de l'Auvergne, du Limousin, des
Alpes et des Pyrénées, la culture est presque entièrement aban-

donnée, quoiqu'elle pourrait être convenablement rétribuée. Les
habitants de ces parages lui préfèrent une industrie quelconque,
si misérable qu'elle soit ; dans les régions susceptibles de donner
un rapport moyen, au lieu de chercher à l'améliorer par le travail et l'intelligence et l'obliger à produire davantage, on la
laisse péricliter : on ne cultive et soigne que les meilleurs
fonds ; mais dans celles qui sont fécondes, toutes les forces
productives se rassemblent, se concentrent et s'exercent à tirer
du sol le plus gros revenu possible. On y accourt de tous côtés
et la convoitise des cultivateurs n'y connaît pas de bornes.

L'extension démesurée de la culture de la vigne est un des
faits économiques les plus caractéristiques qui se soient accomplis dans notre industrie agricole depuis le commencement
de ce siècle. Ce fait mérite assurément d'attirer l'attention du
gouvernement, au moment surtout où il se préoccupe avec tant
de sollicitude des interêts agricoles. L'envahissement permanent
des meilleures terres par les vignes, restreint nécessairement
l'étendue du sol affecté à la culture du blé et à celle des autres
céréales. D'autre part, la quantité toujours croissante des chevaux de luxe, que nous élevons et importons, fait que la production des herbages, déjà si réduite, se trouve vite épuisée et que
les fourrages renchérissent de temps à autre et doublent de
prix pendant des périodes intermittentes. Les foins, les avoines et
les pailles se maintiennent à un taux des plus élevés qui baisse
rarement. Que serait-ce donc si nous avions, au lieu de saisons
pluvieuses qui activent la végétation et fortifient sa croissance,
des saisons de sécheresse, comme il y en eut de 1825 à 1840 ?
Les chevaux de luxe, ou plutôt le luxe des chevaux, a donc aussi
son influence sur notre économie agricole.

Les nouvelles vignes, la multiplication des bêtes de somme
et l'incurie des cultivateurs, déterminent les disettes de
fourrages, qui reviennent désoler le pays à de courts intervalles,

et qui, en se prolongeant de plus en plus, amènent une hausse que les spéculateurs ne sont que trop disposés à maintenir en temps d'abondance.

Mais une cause puissante qui réagit sur l'état de la production générale et produit un effet contraire à celui qu'on devrait en attendre, vient compliquer la situation économique. Nous voulons parler de l'accroissement constant de notre population. Cet accroissement devrait être favorable à la production. Pourtant il n'en est pas ainsi, il donne lieu à la question alimentaire et tend à détruire la balance des subsistances, en ajoutant chaque année de nouveaux excédants de besoins dans le plateau de la consommation. Qu'adviendra-t-il, si le travail de la terre continue à devenir de moins en moins en faveur dans nos campagnes ?

Nous avions en France, en 1788, 25 millions d'habitants ; le dernier dénombrement porte ce chiffre à plus de 38 millions. C'est une augmentation de moitié dans un intervalle de 76 ans, pendant lequel la population des villes, qui demande le plus aux productions de la terre, a participé à cette augmentation dans une proportion de 3 pour 1. Celle de Paris aurait, suivant un document officiel que nous avons sous les yeux, doublé depuis 1838. L'agglomération des grands centres est ordinairement produite par le vide qui se fait autour d'eux, et c'est là encore une cause préjudiciable à la consommation. En effet, moins les campagnes sont peuplées, moins elles consomment les produits des villes et de l'industrie, et plus elles vendent cher les leurs ; au contraire, et par une raison inverse et conséquente, plus les campagnes sont peuplées, plus les vivres sont abondants et à bon marché, et plus les villes sont prospères. La race canine joue aussi son rôle dans notre système économique. Le chien est l'ami de l'homme, c'est convenu ; mais cette amitié ne nous coûte-t-elle pas trop cher ? La terre entretient chez nous la vie de plusieurs millions d'hydrophobes élevés en France ou venus exprès de l'étranger pour charmer les loisirs de leurs maîtres, et qui ne sont utiles, ni à la garde du logis bourgeois, ni à celle de la ferme, ni à la chasse. L'impôt sur ces animaux a donc son entière raison d'être.

Nous croyons pouvoir dire ici que les ordres religieux, qui depuis dix ans ont fondé en France tant de nouveaux établissements, enlèvent aux travaux des champs et au foyer domestique bon' nombre de jeunes gens et de jeunes filles. Le socialisme religieux n'existe pas seulement pour propager la foi et les vertus évangéliques : il a son esprit de spéculation qui n'exclut pas la passion politique, et qui est, selon nous, plus à redouter pour la stabilité d'un gouvernement libéral entouré de l'amour du peuple, que l'autre socialisme, dont on se faisait naguère un épouvantail et dont on se rit aujourd'hui. Qu'on y prenne garde ! Le prestige de la parole mystique, le pouvoir du fanatisme n'ont pas perdu leurs droits sur la crédulité populaire ; leur influence est toute puissante dans nos campagnes où l'ignorance est encore si grande. Les communautés où vont s'engloutir tant de cœurs honnêtes et de bras vigoureux, qui seraient si utiles ailleurs, et notamment dans l'agriculture, représentent une véritable armée de prieurs qui consomme beaucoup quoiqu'elle ne produise rien. Ses chefs, qui enseignent le mépris des richesses et le détachement des choses d'ici-bas, bien que la plupart d'entre eux se livrent, comme de simples mortels, à de hautes spéculations industrielles qu'ils font marcher de front avec les pratiques de la vie contemplative, amassent de grands biens et des rentes folles. Ne serait-il pas juste et équitable de faire payer à tous les membres enrôlés dans cette grande milice sacrée semi-religieuse et semi-industrielle une haute contribution personnelle ? Celui qui veut s'exiler volontairement et sans nécessité de la société où il a des devoirs à remplir, et que d'autres remplissent à sa place, n'aurait aucun motif plausible pour se plaindre de cette prescription qui, du reste, ne serait nullement en désaccord avec les préceptes de la religion et la justice d'un Dieu clément qui n'exige pas de ses enfants, pour les admettre dans son sein, le sacrifice de leur liberté au profit de l'asservissement monastique.

Moins un pays a de moines et plus il a de cultivateurs et d'artisans, plus ce pays est prospère. Cette vérité, qui est sortie de la plume de Voltaire, avec tant d'autres envoyées à la même adresse, a aujourd'hui sa portée économique.

L'esprit politique clérical et les tendances jésuitiques sont actuellement en lutte avec les aspirations du siècle, et cherchent par leurs entreprises envahissantes à remplir notre pays de dévots et à l'assimiler ainsi à l'Espagne et à l'Italie, afin d'atrophier les cœurs, de fausser la raison et de faire l'ombre dans les intelligences ; mais il trouve fort heureusement un utile contrepoids à ses projets liberticides et une résistance invincible dans les nouvelles mesures que vient de prendre le gouvernement pour étendre et fortifier l'éducation de la femme.

Instruire la femme, c'est employer le moyen le plus efficace pour la soustraire aux dangereuses suggestions de l'obscurantisme et de la spiritualité empirique. Les femmes sont généralement ignorantes, et l'ignorance rend leur esprit accessible à toutes les superstitions. Leur crédulité fait qu'elles recherchent auprès des prêtres, des jésuites, des religieux de toutes sortes, des consolations et des espérances dont leur faiblesse actuelle ne peut se passer et que le milieu social leur refuse trop souvent. Créer de nouvelles écoles de femmes, c'est priver le fanatisme de son élément naturel, c'est élever le niveau moral, affranchir la conscience de la servitude, éclairer les ténèbres de l'esprit, assurer le bonheur de la famille et rendre à la vie agricole le concours utile de nos paysannes que le couvent lui enlève chaque année.

L'agriculture, pour nourrir beaucoup plus de monde, compte aujourd'hui beaucoup moins de bras qu'en 1830, par la raison toute simple que les villages se dépeuplent. Il s'est établi un courant d'émigration perpétuel parmi les populations rurales, qui désertent trop facilement les champs pour aller se fixer dans les villes, où elles trouvent un séjour plus agréable et espèrent que la fortune leur sera plus propice. Les fausses doctrines des réformateurs socialistes, en pervertissant les bons instincts du peuple des campagnes, n'ont pas peu contribué à lui faire prendre en dégoût sa condition qui, après tout, n'est pas la moins heureuse ni la moins lucrative. On lui a tant parlé de liberté et d'égalité, à ce bon peuple, qu'il a fini par croire que le premier de ces deux grands mots signifie licence, et que le second implique la possession de la fortune, et ne pouvant la trouver dans les champs, il va la chercher à la ville. L'envie, l'insoumission, et nous dirions presque la haine, se remarquent chez beaucoup de paysans qui ne possèdent pas. La plupart d'entre eux n'ont plus aucun respect pour le maître qui les paie, les nourrit et les loge. Où trouver aujourd'hui le domestique dévoué qu'on incorporait autrefois dans la famille et qui mourait à son service ? Puisque nos campagnards veulent absolument faire partie de la bourgeoisie urbaine et vivre parmi elle la canne à la main, faisons appel à ces robustes Allemands, au caractère débonnaire et soumis et à la résignation exemplaire, qui traversent la France par bandes nombreuses et s'embarquent dans nos ports pour aller peupler les solitudes du Nouveau-Monde et cultiver des terres vierges. Tâchons, s'il est possible, de détourner le cours de leur émigration et de le faire affluer parmi nous et dans nos colonies pour remplacer nos cultivateurs qui s'en vont, eux, à la recherche d'un idéal, c'est-à-dire d'une existence plus douce et agréable, sans songer aux cruelles déceptions et à la misère qui les attendent.

Nous nous sommes livré jusqu'ici à de fréquentes digressions et nous aurons encore occasion de nous écarter souvent de notre dissertation agronomique, mais ce sera dans le but d'éclairer diverses questions économiques et de rétablir la vérité sur certains faits qui sont ou dénaturés ou faussement interprétés par l'opinion publique. Cela dit, nous revenons à notre sujet.

Malgré les causes d'improductivité que nous avons signalées, et en dépit des critiques et des plaintes des pessimistes, nous pouvons rassurer le public sur les craintes exagérées qu'il conçoit relativement à la question alimentaire ; l'importation des objets d'alimentation a toujours été en déclinant à partir de 1861 jusqu'à 1866, seulement, une petite réaction a eu lieu en 1865. Cette importation était en 1861 de 825 millions, en 1862 de 650, en 1863 de 573, en 1864 de 518, en 1865 de 579, et en 1866 de 491.

Faut-il conclure de la propension de la viticulture à envahir dans beaucoup de localités, les terres à blé, les plus productives, voire le prairies, que ce soit une cause de ruine ou simplement de déchéance pour notre agriculture ? Non, certes ; c'est, au contraire, pour elle un motif de prospérité. Laissons la viticulture se propager librement, mais pourtant dans des limites raisonnables ; faisons qu'en se généralisant elle renonce à ses pratiques vicieuses et erronées, qu'elle se laisse diriger docilement par les lumières de la science et adopte les principes que le temps et l'expérience ont consacrés en constatant leur efficacité.

Le moment est arrivé où elle doit devenir l'objet d'un enseignement professionnel spécial, à la fois théorique et pratique. Pourquoi ne cultiverait-on pas la vigne scientifiquement? d'après d'utiles et judicieuses démonstrations et avec art, puisque l'art dépend de la science et que la science doit tout expliquer. On applique les théorèmes de la géométrie à la mesure de l'espace et des surfaces, les principes du dessin linéaire à la construction des bâtiments, à la plantation des forêts, à la taille des arbres ; les règles de l'architecture paysagiste, les lois de l'harmonie et de la perspective président à l'organisation des parcs et des jardins, et la viticulture, qui exige tant de connaissances spéciales, de soins et d'aptitude, pour être judicieusement pratiquée, est encore vouée aux errements de la routine et aux caprices de l'ignorance et de l'arbitraire. Le travailleur de la vigne se trouve réduit, faute d'indications meilleures, à suivre les vieilles pratiques rurales et les coutumes de la tradition ; son éducation viticole reste à faire. Dans bien des pays il ne sait pas lire, apprenons lui au moins à travailler. Il a besoin de connaissances sérieuses pour tirer le meilleur parti possible de sa riche culture et faire participer à ses avantages le consommateur et l'Etat qui viendra, sans aucun doute, lui fournir les moyens nécessaires pour réaliser le programme des réformes que nous proposons.

Le gouvernement, en ordonnant l'enseignement agricole dans les écoles primaires, prouve, par cette excellente mesure, qu'il s'est pénétré et préoccupé vivement des besoins et de la condition de nos travailleurs de terre. Cet enseignement aura le double avantage d'accroître la richesse des agriculteurs et d'augmenter les produits du sol par la bonne direction des cultures.

La viticulture qui, chaque année, fournit sans exagération pour 3 à 4 milliards de produits, et pour 4 à 5 lorsque les récoltes sont abondantes ou que le vin est cher, ne saurait rester dans l'ornière à une époque de rénovation et de progrès. Créons-lui, pour en faire une puissance productive de premier ordre, des vigneronnages-modèles, comme on a créé des fermes-

écoles-modèles. Ces institutions de patronage devraient être
établies dans les grands centres de production pour enseigner
à nos viticulteurs les éléments des sciences naturelles et
physiques qui se rattachent à la viticulture, l'art métho-
dique de cultiver la vigne et celui de faire le vin. Les
secrets de la vinification sont encore inconnus dans beaucoup
de pays vignobles, où avec de bons raisins on fait du vin
médiocre. Les écoles impériales d'agriculture de Grignon
(Seine-et-Oise), de Grand-Jouan (Loire–Inférieure), de la
Saulsaie (Ain), que nous avons visitées et d'où sortent des pro-
priétaires-cultivateurs et des fermiers très–instruits et expérimentés ne s'occupent nullement de la viticulture. On ne trouve
dans les champs d'expériences de ces écoles aucun essai de
culture viticole. Les plants de vigne sont relégués comme objet
de curiosité dans les jardins d'horticulture. L'établissement de
quelques écoles impériales de viticulture ou d'instituts viticoles
impériaux, tel que nous pourrions au besoin en fournir le plan
et indiquer l'organisation, rendrait, à coup sûr, un éminent
service à notre pays. Cela fait, il resterait à reconstituer le sol
viticole, qui tend par sa dissémination extrême à se réduire en
poussière. Nous demandons, à cet effet, s'il ne serait pas possible de réunir par la voie d'échange tous les terrains dispersés, et
si le gouvernement ne pourrait pas prendre cette mesure, l'ex-
citer et la favoriser. Les difficultés d'une telle entreprise ont
été abordées et vaincues dans le Danemark, en Suède, en
Écosse et en Prusse.

La viticulture n'a jamais été jusqu'à ce jour l'objet d'aucun
encouragement ni d'aucune faveur. On la considérait, sous les
régimes précédents, comme étant assez riche de son propre fonds
et de ses ressources avantageuses. Les comices agricoles, les
sociétés d'agriculture et celles de viticulture, institués peu de
temps après la Révolution de 1830 et qui avaient une mission

spéciale à son égard, n'ont jamais rien fait pour elle. Les membres de la Société de viticulture de M... se réunissent de temps à autre pour primer les meilleurs produits de la contrée. Ils sont tous gros propriétaires viticoles, et quelques-uns d'entre eux riches marchands de vins. Les primes sont souvent accordées à ces derniers, qui ne continuent pas moins d'envoyer à Paris toutes les semaines quelques centaines de pièces de vins fabriqués qu'ils vendent sous la rubrique de vin de Bourgogne. Voilà de quelle manière ces messieurs entendent perfectionner la culture de la vigne et arriver à ne faire consommer que des produits naturels.

Ce n'est pas parce qu'une culture est riche et très-productive qu'il faut la négliger et l'abandonner à son propre mouvement, c'est, au contraire, une raison pour lui accorder plus d'intérêt et de soin, afin d'en obtenir des résultats encore plus avantageux. Que penserait-on de quelques individus, qui ayant découvert une riche mine d'or et se trouvant à même de l'exploiter, se contenteraient de retirer quelques fragments de la masse du précieux minerai que le hasard aurait mis à leur disposition? La Providence nous a donné dans la culture de la vigne cette riche mine d'or, nous devons savoir extraire toutes les ressources qu'elle possède. La protection qu'on accorde à l'agriculture a des conséquences incalculables. Elle stimule l'action du laboureur, fait germer ses espérances avec le grain qu'il répand dans le sillon et rapporter à ce grain dix pour un. Cette protection peut devenir d'une utilité encore beaucoup plus efficace pour le vitieulteur.

Notre rôle d'économiste ne consiste pas, comme on serait tenté de le croire, à rechercher par quels moyens on pourrait arriver à augmenter la fortune des particuliers, mais à établir dans quelle proportion ces moyens ont réagi sur les intérêts généraux. Ces intérêts sont le but constant et exclusif de nos investigations. Nous ne sommes pas appelé à fabriquer des systèmes ni à imaginer des plans propres à accroître la fortune des cultivateurs. Nous nous appliquons simplement à constater les faits que nous avons observés et pu étudier, ensuite à faire connaître les avantages qui pourraient résulter de l'application de nos principes économiques. En agriculture et en économie politique, il n'y a rien de fictif, tout est vrai et positif. Aussi bien est-ce après avoir, en qualité de viticulteur, beaucoup vu, apprécié et pratiqué que nous nous décidons à émettre nos idées. Les ressources de notre production territoriale sont immenses et peuvent s'accroître considérablement par de nouvelles combinaisons. L'agriculture est en retard en France, c'est ce qui a fait que nous nous sommes occupé de rechercher les causes qui s'opposent au progrès que doivent lui assurer l'industrie de nos habitants, la fertilité du sol et la bonté du climat.

En produisant moins de blé et plus de vin, notre richesse territoriale s'accroît, et avec elle son revenu, car il est avéré que plus un produit est précieux, abondant et recherché, plus il enrichit le producteur et le pays qui le fournit, car il donne lieu à des échanges nombreux et à une plus grande importation de numéraire.

L'importance de la production viticole peut se constater facilement par la différence de revenu qui existe entre un hectare de terre où l'on a planté la vigne et un autre hectare de terre ensemencé de blé, de valeur égale. Cette différence est pour les sols privilégiés comme 6 est à 1, et pour d'autres sols de qualité inférieure comme 4 et 3 sont à 1, toute réserve faite à l'égard de l'inclémence des saisons et des accidents atmosphériques. Un hectare de vigne bien cultivée et en bon état de rapport donne, année moyenne, un revenu minimum de 1.200 fr., qui peut s'élever jusqu'à 3,000 pour les vignes qui fournissent les grands vins, tandis que l'hectare des meilleures terres n'arrivera que rarement au maximum de 400 fr., quelles que soient d'ailleurs les céréales dont on les ensemence. Il est vrai que les frais de culture sont plus grands pour la vigne que pour le blé; mais le producteur viticole ne fait jamais entrer en ligne de compte la valeur de son travail, qu'il considère comme une nécessité de sa condition. Il calcule sur le revenu brut qui lui est acquis après défalcation de l'impôt et de quelques déboursés de main-d'œuvre.

Cette comparaison démontre clairement que la rente d'une vigne, si faible qu'elle soit, est encore bien supérieure à celle d'une terre. La haute faveur dont jouit le sol viticole est due principalement à l'amélioration donnée à la terre par le travail. La vigne exige pour croître dans de bonnes conditions beaucoup de substance végétale. Pour la planter, on est obligé de retourner le sol à une grande profondeur. D'un mauvais terrain on en fait quelquefois un bon. Les terres qui fournissent le blé ne demandent que des travaux relativement très-légers, qui sont exécutés en grande partie par les animaux domestiques. Si nos cultivateurs s'adonnent préférablement à la culture de la vigne et lui accordent une préférence bien marquée, c'est pour un motif d'intérêt facile à concevoir. La vigne donne chaque année, sauf les cas de dévastations causées par les intempéries, régulièrement un produit, et ce produit a plus de valeur que celui des autres cultures. Il n'en est pas de même du blé qui ne se récolte, dans la plupart des terres sujettes aux assolements, que tous les deux ou trois ans. On fait usage de l'assolement triennal dans les terrains sablonneux, dans les plaines marécageuses non encore drainées et sur les montagnes. Les sols sur lesquels la vigne étend ses plantations sont pour la plupart des terre-pleins qui ont une puissance végétative exubérante. Ils peuvent fournir une carrière productive de cinquante, soixante, quatre-vingts, et même cent ans, sans se reposer.

Les prix du blé, disait-on, il y a à peine quelques mois, ne sont plus rémunérateurs, il faut que les temps de disette reviennent pour que le laboureur puisse se récupérer des pertes qu'il a éprouvées pendant les années de grande et de moyenne production. Ces temps sont arrivés ; mais ils ne doivent probablement pas se prolonger au-delà de deux ou trois mois, et le producteur de grains pressé de vendre le produit de sa dernière récolte n'aura pu profiter d'une hausse passagère. Il n'en est pas de même pour le viticulteur. Il y a quatorze ans que le prix de ses vins se maintient à un taux assez élevé. Pendant cette longue période, celui du blé a presque toujours été coté très-bas sur les marchés. Une famille de vignerons, composée de quatre personnes, ne dépense pour sa provision de blé d'une année que le prix de deux pièces de vin récoltées dans 5 ares de vigne, c'est-à-dire 100 ou 120 fr., pendant que le laboureur pour acheter ces deux pièces de vin est obligé de livrer le rendement de 40 ares de ses meilleures terres.

Si l'on veut se rendre un compte exact de la richesse viticole qui prime de haut, comme on vient de le voir, celle des céréales, il faut considérer que le vin, quoique moins nécessaire à l'entretien de la vie que le blé, la viande et les légumes, a cependant une valeur plus grande qu'aucune de ces productions. Cette valeur était encore avant l'établissement de nos chemins de fer soumise à de brusques et fortes variations. Elle tend aujourd'hui à s'immobiliser dans de hauts prix.

En général, les produits de luxe, et le vin en est un, sont les plus coûteux, parce qu'ils flattent nos goûts, satisfont nos désirs, nos passions et qu'ils sollicitent la dépense. Le vin est un produit de luxe, disons-nous, puisqu'il n'est pas indispensable à notre alimentation, et qu'on pourrait à la rigueur s'en passer sans se porter plus mal pour cela, témoin les habitants des Alpes, des montagnes de la Savoie et de l'Auvergne, qui sont très-forts et robustes, et arrivent à un âge avancé, quoiqu'ils se privent de cette boisson. Cependant, le vin est un spécifique salutaire contre bien des maux, et c'est un des moyens les moins équivoques de maintenir l'homme en santé et de conserver longtemps sa force et sa vigueur. Il sert à nos besoins et l'on en fait usage et abus par prodigalité. La masse des ouvriers qui travaillent dans les ateliers, les fabriques, les usines et les manufactures de nos villes, recherchent dans le vin qu'on leur vend dans les établissements publics, après lui avoir fait subir une dangereuse préparation, un remède ou une consolation souveraine à leurs maux et ne trouvent en réalité dans l'affreux breuvage qu'ils ingurgitent avec confiance, qu'un moyen de débauche et une cause de démoralisation, et souvent aussi, le germe de l'une de ces maladies terribles qui dégénèrent en langueur ou frappent comme la foudre. Le tribunal de police correctionnelle de Lyon condamnait dernièrement à la prison et à l'amende de pauvres diables que nous sommes certainement bien loin d'excuser, pour avoir contrefait la marque de fabrique de la liqueur de la Grande-Chartreuse, et falsifié cette liqueur avec laquelle les RR. PP. trouvent moyen de réaliser trois millions de bénéfices par an, quoique ce produit ne soit ni agréable au goût ni utile à la santé.

Pourquoi n'agirait-on pas aussi rigoureusement vis-à-vis des marchands qui empoisonnent journellement le public en falsifiant les vins de provenance naturelle? Ces derniers sont bien plus coupables que les contrefacteurs de la liqueur bénite des Chartreux, oui, bénite! mais qui n'a pourtant jamais opéré de prodiges. Erigé en instrument de domination, l'ordre puissant des Chartreux, a perdu de vue ses règles primitives et l'austérité absolue qui lui fut imposée par saint Bruno depuis qu'il fabrique la liqueur alcoolique.

La bonne ville de Lyon, qui est si heureusement située

pour s'approvisionner des vins naturels de nos meilleurs crûs, et si bien protégée par la justice à l'égard des abus que l'on peut commettre contre les monopoles des corporations religieuses, ou ceux auxquels elles peuvent elles-mêmes se livrer devrait, ce nous semble, chercher à se préserver de la fraude des marchands de vins qui l'infestent de leurs produits frelatés. Les mauvais vins que l'on boit dans tous les établissements publics de nos villes ont une action funeste sur la santé de leurs habitants, et nous ne serions pas étonné qu'on reconnût un jour qu'ils ont donné naissance à quelque nouvelle maladie épidémique. Nous attestons, en tout honneur et conscience, qu'ayant bu, l'an dernier, dans un restaurant de Paris, quelques verres d'un vin imité que des industriels qui font leur métier du frelatage s'entendent si bien à fabriquer, nous crûmes réellement être atteint du choléra-morbus, car notre violente indisposition dénotait tous les symptômes du fléau qui sévissait en ce moment dans la capitale, et de façon à donner le change au médecin.

Nous faisons des vœux bien sincères pour que nos braves ouvriers puissent bientôt s'approvisionner chez les propriétaires ou dans les marchés publics d'un vin de crû naturel, qu'ils consommeront en paix chez eux, au sein de leur famille et en compagnie de l'amitié. Cette simple question d'économie, que l'industrie vinicole pourra résoudre, quand elle le voudra, au profit de la morale, renferme un intérêt politique qui n'échappera sans doute pas à nos hommes d'Etat. La tranquillité d'un pays dépend beaucoup plus qu'on ne le pense généralement des vertus domestiques et de la sobriété des gens du peuple. Il viendra un temps, et ce temps n'est pas éloigné, où l'on reconnaîtra la nécessité de fonder dans nos grands centres industriels des sociétés de tempérance à l'instar de celles qui existent dans quelques villes des Etats-Unis, et c'est au vin frelaté que nous devrons de jouir du bienfait de l'institution américaine ; le mal produit quelquefois le bien. Que nos moralistes prennent bonne note de cette prédiction !

Les excès que l'on fait du vin ont, il est vrai, un bon côté, c'est qu'ils doublent la production ; mais ce n'est pas une raison pour les approuver.

On agite, en ce moment, dans quelques journaux la question de la suppression des octrois. L'idée nouvelle de nos réformateurs n'est pas comprise par le bon sens pratique de l'opinion publique, qui la trouve impraticable. Effectivement, il ne s'est pas trouvé parmi les détracteurs du système des octrois, un économiste sensé et sérieux qui ait pu indiquer la manière de transformer équitablement les taxes urbaines. On veut supprimer des droits nécessaires et l'on ne sait comment les remplacer ! Donc, ce qui existe est bien et doit continuer d'exister. Le besoin de nouveauté qui à notre époque travaille et tourmente tous les esprits, ne doit avoir aucune prise sur la raison et la sagesse des gouvernants, ni aucune part dans la direction des affaires publiques.

Les vins de premier choix, que nous désignons sous le nom de grands vins, sont incontestablement le plus riche produit du sol. Ils donnent en certaines années un revenu qui n'est pas évalué à moins du quart et quelquefois du tiers de la valeur des terrains qui les produisent ; c'est assez dire que ces vins enrichissent un grand nombre de propriétaires et qu'ils sont consommés à peu près exclusivement par des gens fortunés. Les vignes qui les fournissent ne paient pas à l'impôt foncier tout ce qu'elles lui doivent, et ces vins ne sont pas assez frappés de droits de consommation et de circulation, en vertu du profit exorbitant qu'en retire le producteur et des satisfactions qu'ils procurent au consommateur. Nous produisons sur des terroirs d'une qualité et d'une exposition particulières une grande quantité de vins fins et d'élite, dont les prix sont toujours élevés, parce que ces vins ne sont pas assujétis comme les autres aux fluctuations de l'offre et de la demande. Il s'en récolte en France 5 à 6 millions d'hectolitres. Nous croyons qu'il serait possible, sans déroger aux règles d'une bonne administration ni aux principes d'équité qui ont présidé à l'établissement de l'impôt et qui dirigent la politique du gouvernement, d'établir sur ces vins un droit exceptionnel.

Un projet de loi fut présenté, en 1848, à l'Assemblée constituante, dans le but de convertir les droits et taxes existants sur les vins en un impôt unique, qui devait être acquitté par le producteur. Cette idée était empruntée à la théorie de Quesnay, célèbre économiste du temps de Louis XV, qui demandait que toutes les dépenses du gouvernement et les diverses charges publiques fussent supportées par le revenu du propriétaire du sol. Le projet de loi dont nous parlons avait en apparence un caractère très-libéral et reconnaissait implicitement les avantages de la production vinicole, qu'il se proposait d'atteindre, tout en paraissant ne pas laisser à sa charge la nouvelle contribution que le producteur aurait eu la faculté de répartir sur la masse des consommateurs en vendant son vin un peu plus cher.

La nouvelle loi avait une haute portée politique, mais elle était d'une application difficile et ne pouvait remédier aux prétendus inconvénients que l'on reprochait à l'organisation de l'impôt sur les vins. C'était tout simplement une utopie. Les novateurs de 1848 allaient loin, comme on sait, lorsqu'il s'agissait de réformer nos institutions ou d'en créer de nouvelles.

L'établissement de l'impôt indirect des vins date du premier Empire. Ce ne fut qu'après de longues recherches inspirées par le génie de l'Empereur et guidées par les lumières, la sagesse et le dévoûment à la chose publique des hommes d'Etat de cette grande époque, que cet impôt fut voté par le Corps législatif et sanctionné par le Sénat. Toute institution a

ses abus et ses avantages et peut avec le temps devenir susceptible de modifications ; cependant, nous croyons qu'il n'y a
rien encore à changer dans l'assiette et l'ordre organique des
contributions indirectes. Seulement, on pourrait ajouter, sans
crainte d'indisposer le pays, à la section de l'impôt vinicole, une
attribution supplémentaire consistant en un droit modéré sur
les produits de luxe, dont nous venons de parler. Ce
droit frapperait tous les vins vendus par les producteurs et les
marchands, au-dessus de 50 francs l'hectolitre. Il serait de 25 0/0
du prix excédant cette somme. Si une pièce de vin coûtait, par
exemple, 500 fr., elle paierait 100 fr. en sus de tous autres
droits. Cette taxe serait généralement approuvée, on y verrait
l'indice d'un acheminement à la proportionnalité des charges
qui incombent à la consommation.

Elle serait supportée par des consommateurs de toute condition qui ont des goûts délicats ou fastueux, et qui aiment à bien
vivre, sans se préoccuper de ce que peuvent coûter les satisfactions matérielles qu'ils recherchent. Le nouveau droit de
consommation serait acquitté d'après les règlements adminis-
tratifs fixés pour cet objet, soit par le producteur dans les régies
des circonscriptions où le vin serait enlevé, soit par l'acheteur,
dans les caisses de l'Etat qui existeraient dans les localités où
il aurait sa résidence. Si le vin taxé était expédié dans nos villes
où sont établis des octrois, le droit serait perçu comme surtaxe
à l'entrée de ces villes, et s'il était envoyé à destination de l'étranger, à sa sortie de France, dans les bureaux de l'administration
des douanes.

Les établissements publics qui débitent les vins des crûs
supérieurs, les riches particuliers qui les consomment chez eux,
dans toutes les parties de la France, les Anglais, les Russes et
les Américains qui s'en approvisionnent largement paieraient
sans sourciller ni se plaindre ce droit de consommation qui

octroierait aux premiers le titre de grands fournisseurs et aux autres un brevet de gourmet, lequel droit paraîtrait à tous extrêmement léger et produirait néanmoins à l'Etat un surcroît de revenus considérable, dont le chiffre parlerait éloquemment au budget, et dont on peut se faire une idée si l'on suppute l'énorme quantité de vins fins et de bons vins ordinaires que la Champagne, la Bourgogne, le Bordelais, les côtes du Rhône, le Beaujolais et quelques autres crûs remarquables, quoique d'un moindre mérite, fournissent à leur clientèle française et étrangère. Les vins qu'on laisse vieillir pour en obtenir une augmentation de prix appartiendraient à la catégorie des qualités de luxe, et, comme tels, seraient passibles de la taxe, mais seulement lorsqu'ils se trouveraient dans les conditions de prix ci-dessus exprimées.

Les grands vins que nous proposons d'imposer jouissent d'un double avantage sur les petits, qui alimentent la grosse consommation, en ce que, vu leur cherté, on ne s'avise guère de les couper ni de les soumettre au régime de la sophistication, et qu'ils ne paient pas de droits proportionnels.

L'alimentation ménagère du vin est, par rapport à l'exigence de nos besoins et à la manière déplorable dont se fait le commerce des boissons, beaucoup plus à charge à la consommation du peuple que celle du pain, quoique l'aliment liquide soit d'une moins grande utilité et qu'il n'ait, pour ainsi dire, que la valeur factice que lui attribue le caprice de la sensualité et peut-être aussi celui de la mode. Certain vin dont on fait usage pour le rétablissement de la santé servira en d'autres circonstances à la détruire.

Une pièce de bon ordinaire bourguignon, prise à la source de la production et rendue à Paris, dans la cave du consommateur qui entend s'approvisionner d'un vin qui soit du vin, lui coûtera approximativement, tous frais de transports, droits et taxes compris 150 fr. Si ce consommateur est un artisan qui vive seul, il la consommera pour soutenir ses forces, en quelques mois, pendant lesquels il n'aura dépensé qu'une somme bien inférieure pour son alimentation panifère ; et si, au lieu d'aller chercher son vin en Bourgogne, il s'avise, pour s'épargner des frais de déplacement, de l'acheter à Paris, sur les marchés ou chez les marchands de l'intérieur, on le lui vendra comme étant de qualité équivalente à celui du propriétaire, une somme double, et il sera de moitié moins bon. L'écart considérable qui existe entre les cours sur les lieux de production et les cours de ventes des marchands est de 30 à 40 0/0, sans préjudice du gain de sophistication que paie encore le consommateur, et de sa bourse et de sa santé.

Ces observations confirment nos assertions précédentes, et nous montrent que le vin est véritablement notre plus riche produit territorial, celui qui donne la plus grosse rente, qui profite le plus au propriétaire et le moins au consommateur ; car c'est contre lui que d'innombrables industriels, qui trafiquent de ce produit, se liguent et conspirent. Le commerce du vin a de nombreux millionnaires que l'hygiène désigne comme ses plus terribles ennemis.

Pour remédier aux abus et à l'indécence de ce commerce, il suffirait de simplifier ses rouages aujourd'hui beaucoup trop compliqués.

Nous protestons ici de toutes nos forces et de toute l'énergie de notre conviction contre l'accusation injuste portée par la malveillance contre la loyauté des producteurs de vins. Ces honnêtes gens tiennent infiniment à l'honneur de leur titre de vigneron. Ils se croiraient déshonorés et perdus dans l'estime publique s'ils ne vendaient pas leurs produits tels que la Providence les leur envoie, et se feraient un cas de conscience de se livrer à l'opération du marchand la plus simple et la moins répréhensible : celle du coupage. Si jamais, ce qu'à Dieu ne plaise! nous devions redouter la mauvaise foi du vigneron, l'industriel qui lui achète son vin et se réserve le monopole de la fraude, lequel est toujours un dégustateur consommé, prendrait naturellement le soin de nous en garantir. Le proverbe nous dit qu'il y a des honnêtes gens partout ; la même chose peut se dire des fripons. Mais ce n'est pas parce que quelque viticulteur improbe aura gâté son vin qu'il faut rejeter sa faute sur les autres, et les en rendre responsables. Ce sont les marchands, gros et petits, les intermédiaires, tels que courtiers, commissionnaires, voituriers et voiturins et les détaillants de toute sorte qui corrompent à tour de rôle le vin naturel du producteur et avilissent leur industrie par cette fraude multiple qui s'accomplit silencieusement dans l'ombre des caves de nos villes avec un art ingénieux et diabolique.

Le revenu de la terre est admis comme devant servir de base à la fixation de sa valeur. Quand les vins sont à la hausse, la propriété viticole augmente de prix, et réciproquement, elle se déprécie s'ils sont à la baisse. Les vigneronnages, soit qu'on les fasse valoir, soit qu'on les loue ou donne à cultiver pour une part de la récolte sont toujours, comme nous l'avons dit, d'un plus grand rapport que les fermes, par conséquent d'un plus haut prix. Le propriétaire-vigneron peut, en certains temps et lieux, s'il échappe à la gelée, à la grêle et à la coulée, fléaux qui deviennent de plus en plus bénins, et qui n'emportent plus guère tous les ans qu'un vingtième environ de la production générale des vins, le propriétaire peut, disons-nous, dans des années d'abondance, où le vin se vend un bon prix, retirer de ses récoltes 10 à 12 0/0 et même beaucoup plus. Nous connaissons un habitant des environs de Villefranche (Rhône), qui ayant acquis, en 1846, un fonds de vigne de la contenance de six hectares, dans lequel se trouvait une maison servant à l'habitation du maître et à l'exploitation de la propriété, parvint avec le produit de ses récoltes de 1847, 1848 et 1849 à solder entièrement le prix de son domaine. C'est là sans doute un exemple fort extraordinaire de la puissance de production de la vigne, mais qui n'est pas rare cependant dans nos grands vignobles.

Il est de notoriété que les bonnes vignes qui sont situées sur les coteaux de la Bourgogne et du Beaujolais, pour ne citer que celles-là parmi tant d'autres, ont obtenu dans l'espace de quinze ans, un prodigieux accroissement de valeur. Dans le Bas-Beaujolais, où nous sommes propriétaire, l'hectare des meilleures vignes, qui valait de 1830 à 1852, de huit à dix mille francs, est estimé aujourd'hui vingt mille, et plus. Cette plus-value doit être attribuée aux nouveaux débouchés ouverts par les chemins de fer et à la plus grande facilité des transports. Il y a vingt ans, la vente de nos vins ordinaires était strictement circonscrite dans un rayon limité, qui ne s'étendait guère au-delà des contrées et des villes voisines. Si l'industrie chômait dans ces villes, les vins n'avaient plus de débit ; ils perdaient de suite 20, 30 et quelquefois 50 0/0, et lorsque les récoltes étaient abondantes leurs prix s'avilissaient au point de ne plus couvrir les frais de la production. La condition de la vigne a bien changé depuis lors.

La viticulture sera bientôt, nous l'espérons, en possession de sa faculté économique basée sur les principes de réforme que nous avons développés dans une brochure qui a éveillé l'attention du public et celle des économistes. Les motifs sur lesquels reposent ces principes sont en partie rappelés dans cet écrit. Pour réaliser le projet d'économie viticole que nous avons conçu et élaboré à la suite de longues et laborieuses recherches, il était nécessaire que notre réseau de chemins de fer fût achevé. Désormais, nos vins pourront facilement s'expédier de toutes parts et trouver dans quelques-unes de nos contrées mal approvisionnées, dans la Bretagne, le Poitou, l'Anjou, la Normandie, la Flandre, la Lorraine et autres, dans les villes de nos ports de mer et celles de l'intérieur, où le vin manque, et dans tous les pays étrangers un écoulement beaucoup plus grand et un placement plus avantageux, si notre projet d'économie sociale relatif à la viticulture et à l'industrie des vins se réalise. Ce projet a été soumis à l'approbation du Gouvernement, et une puissante institution de crédit s'en trouve saisie en ce moment. Une missive du cabinet de l'Empereur, suivie d'une lettre du Ministre de l'agriculture, nous fait croire qu'il a été l'objet d'une haute appréciation et d'un examen attentif, et que, par conséquent, il n'est pas dépourvu d'utilité. Ledit projet met en lumière toutes les améliorations, les réformes et les embellissements réellement utiles et pratiques que comporte la solution d'un grand problème économique. Nos idées se sont déjà répandues en France ; l'opinion publique les approuve hautement et fait des vœux pour qu'elles reçoivent leur application.

Nous croyons fermement à la vertu de notre conception et, si nous devions avoir quelques doutes à son égard, nous n'aurions qu'à regarder partout autour de nous pour juger de l'immense intérêt qu'elle soulève, des convoitises et des préoccupations qu'elle fait naître.

Le *Constitutionnel*, dans son numéro du 6 février dernier, reproduisait quelques passages empruntés à notre brochure, et que nos plagiaires ont appropriés à la spéculation qu'ils méditent. Nous citons : « On est en train d'organiser des associations de producteurs constituées pour vendre en commun leurs produits. Ainsi, par exemple, rien ne s'opposerait à ce que les viticulteurs français s'associassent entre eux, pour ouvrir à Paris et dans les principales villes du Nord des marchés sur échantillons de tous les crûs et de toutes les provenances. Une société aurait à sa tête un syndic qui recevrait les échantillons et les soumettrait au public. Chaque échantillon porterait le nom du producteur, le nom du crû, l'année de la récolte, la quantité disponible et le prix. Le visiteur aurait ainsi sous les yeux une masse considérable d'échantillons. Il pourrait en comparer les prix et faire son choix dans les meilleures conditions possibles. Une fois fixé, le syndic recevrait la commande et s'adresserait au vigneron, qui s'empresserait de la remplir. Ce système aurait de nombreux avantages : aux consommateurs, il assurerait des vins naturels exempts de toute espèce de mélange, de toute adultération. Les prix d'achat seraient de beaucoup inférieurs à ceux du commerce. De son côté, le producteur qui vend aujourd'hui si difficilement son vin et si souvent à des prix qui ne sont pas rémunérateurs, en retirerait un plus fort bénéfice, les deux termes se trouvant ainsi en rapport direct, la consommation se développerait, il faudrait planter de nouvelles vignes, et les pays producteurs verraient leur population s'accroître et leur richesse grandir. »

C'est très-bien ! nous aimons à voir nos idées appréciées, quoique étrangement travesties ; mais ce n'est pas ainsi que nous voudrions les voir se réaliser. Allez, Messieurs, vous aurez beau faire, vous ne parviendrez pas à convaincre le public que vous poursuivez un but d'intérêt social. Le producteur, nous vous le prédisons, ne se confiera jamais à vous, et il aura raison. Du moment que vous ne pouvez établir ni banques spéciales ni marchés publics surveillés par l'administration, votre projet n'a pas de base sérieuse. C'est un nouveau système de commission et de courtage que vous cherchez à organiser, et rien de plus. Si ce système était appelé à fonctionner pendant quelque temps, il tomberait infailliblement dans des désordres et des abus plus graves que ceux que vous avez la prétention de corriger : le remède serait pire que le mal.

Notre combinaison diffère de la vôtre en ce qu'elle est plus large, plus complexe, qu'elle répond à tous les besoins et à tous les intérêts agricoles et économiques qui ressortent de sa spécialité, qu'elle sollicite un contrôle officiel, le patronage du Gouvernement et le concours d'une puissante institution de crédit dans laquelle les actionnaires, qui apporteront leur argent pour édifier notre entreprise, pourront avoir toute confiance. L'organisation que vous avez en vue étant fondée sur un mobile de spéculation, échouera comme ont échoué toutes celles du même genre qui ont déjà été tentées, parce qu'elles n'assurera, nous le répétons, aucune garantie au producteur ni au consommateur. Passons à d'autres observations.

La prospérité d'un pays ne dépend pas seulement de sa position privilégiée, de la salubrité de son climat et de la fertilité de son sol, mais encore de l'adoption des mesures propres à stimuler le génie de ses habitants et à rendre l'agriculture active et persévérante. Ainsi, quoique notre viticulture soit très-productive et prospère dans des régions favorisées par la bonté du terrain et l'exposition des coteaux, il en est d'autres où elle n'a pas les mêmes ressources et où il reste beaucoup à faire.

Le dicton populaire qui dit que l'argent produit l'argent, vulgarise un principe d'économie qui est vrai en agriculture comme en affaires. Aucune opération industrielle ne peut être entreprise ou achevée sans le secours du capital qui est lui-même le premier producteur de la richesse du sol. Le vigneron n'a pas une banque où il puisse emprunter. L'organisation du crédit viticole est une conséquence de notre système. Ce crédit institué dans le but de protéger la production et la consommation des vins, aurait pour elles un grand avantage et viendrait en même temps grossir la source des revenus de l'Etat.

Le propriétaire de vignes se trouve, pour toutes les raisons que nous avons déduites, dans une plus belle situation de for-

tune ou d'aisance que le possesseur de terres ou de fermages.
Le simple ouvrier de la vigne qui reçoit un gage annuel ou le
prix d'un salaire journalier, est lui-même plus avantagé que le
laboureur qui n'obtient qu'une rémunération bien plus faible
pour le même labeur. Cela vient, sans doute, de ce que la production des céréales n'est pas riche, et que le fermier manque
d'avances. Nous avons en France trop de terres arables sur lesquelles la vigne pourra encore étendre son domaine, et nous
cultivons une trop grande surface pour la quantité d'engrais
dont nous disposons. C'est en constatant ce fait que l'on reconnaît la nécessité de donner plus d'extension à la culture des
fourrages. Les maigres récoltes que l'on retire des terres mal
fumées ou non fumées ne peuvent récompenser le cultivateur
de son travail. Le remède est tout indiqué, il ne faut cultiver
que ce que l'on peut fumer largement. La vigne ne possède pas
le tiers de la quantité de fumier qui est reconnue nécessaire à
sa culture. Elle n'a pas assez de prairies naturelles et artificielles, et ne peut nourrir que faiblement le rare bétail que
possèdent les vignerons, lesquels au lieu de pratiquer la culture
des fourrages d'une façon convenable, préfèrent acheter dans
les villes voisines des foins et des engrais de qualité bien inférieure à ceux qu'ils pourraient produire. Aie peu de vignes,
mais cultive et fume-les bien, dit un vieux proverbe, que nous
avons souvent entendu répéter par notre grand-père. Le vigneron ne se soucie guère aujourd'hui des proverbes; il agrandit
autant qu'il peut son vignoble et lui demande un rendement
excessif : on dirait que la plus grande étendue de vignes, en
paraissant accroître sa fortune, l'élève en considération.

Les grandes propriétés féodales, que quelques familles
nobiliaires conservent encore dans le centre et l'ouest de
la France, n'offrent plus que de faibles ressources au mé-
tayer, non parce qu'elles produisent moins que dans les

temps passés, car c'est le contraire qui existe, mais parce que le mode de culture est défectueux et que les conditions des exploitateurs deviennent de plus en plus onéreuses. Les fermages sont, d'après les renseignements que nous avons recueillis de toutes parts sur les lieux de la production, généralement loués trop haut et le fermier qui se répand en plaintes amères ne peut, en dépit de ses efforts et de son habileté, retirer après ses déboursés, un bénéfice suffisant pour sa peine. Voyant cela, il se décourage, la ferme est plus mal administrée ; il a recours à des moyens ruineux et, en fin de compte, elle revient entre les mains du propriétaire appauvrie et en mauvais état. Qu'on ne s'étonne donc plus si nous avons encore des millions d'arpents de terre mal cultivée ou en friche, qui produiraient d'abondantes moissons de blé si les propriétaires étaient moins exigeants; mais ils se conduisent à l'égard de leurs fermiers de la même manière que les propriétaires des villes à l'égard de leurs locataires, en exagérant leurs prétentions à la rente immobilière.

Le revenu de la ferme n'est plus en rapport avec son loyer et les frais de production, qui ont doublé depuis vingt ans. Le prix du blé s'est tenu dans ces dernières années à un niveau si bas que si cela eût duré, la situation déjà si précaire du fermier, n'eût plus été tenable dans beaucoup de localités. En définitive, l'avilissement du prix des denrées ne saurait être considéré comme une mauvaise chose dans un pays où le nombre des habitants augmente sans cesse et où les conditions de la vie deviennent de plus en plus difficiles. On se plaint de la grande production territoriale et l'on se récrie contre la cherté des vivres. Il y a dans ceci une anomalie et une contradiction qui ne proviennent pas de causes naturelles et qu'on doit attribuer à un fléau redoutable qui vient se jeter à la traverse de la situation tendue qui existe entre la production et la consommation. Ce fléau, c'est l'accaparement et la coalition des intermédiaires

qui ont rompu tous les rapports du producteur au consommateur, qui achètent bon marché du premier, pressé de vendre
pour payer ses charges, et qui vendent hors prix au second qui
est obligé de vivre. Le consommateur subit cruellement les
conséquences de ce désordre. Les établissements publics, tels
que cafés, hôtels, restaurants, marchands de comestibles,
de vins et autres, sont en nombre deux fois plus grand qu'ils
ne l'étaient il y a vingt-cinq ans. Ils sont tenus par des gens qui
veulent vivre, faire leurs affaires ou fortune en peu de temps,
et font payer leurs services et leur alimentation détestable plus
du double de ce qu'on les payait en 1849, année qui clôt en
France l'ère de la vie à bon marché et de la bonne chère pour
le peuple et la petite bourgeoisie. Un ouvrier qui gagne trois
francs dans les villes de la province, doit dépenser forcément
deux francs pour sa nourriture, et à ce prix encore il sera très-
mal nourri. Chose singulière, la vie est plus chère dans nos
bourgades que dans les petites villes, où elle hausse en plus forte
proportion que dans les grandes. La capitale vend elle-même
meilleur marché ses objets d'alimentation que les villes des départements. Il est vrai qu'on l'accuse d'affamer le reste de la
France, mais il n'y a rien de fondé dans cette assertion, et si
nous payons les subsistances alimentaires un si haut prix, c'est
à notre avis plus à l'exigence de la spéculation industrielle et à
la surexcitation de ses convoitises qu'à toute autre cause qu'il
faut s'en prendre. Les bonnes pensions des villes et les auberges
confortables que l'on rencontrait jadis, au bon temps de la
diligence et de la chaise de poste, sur les routes et dans les
gros bourgs, et où l'on recevait une franche et cordiale hospi-
talité et une nourriture saine et abondante pour un prix
modéré, ont toutes disparu, et avec elles la gaité vive qu'on
y trouvait, laquelle a fait place aux préoccupations d'intérêt, au
caractère morne et à l'humeur maussade des nouveaux hôte-

liers, qui tiennent de moins en moins à continuer la renommée gastronomique de leurs devanciers. Autres temps, autres mœurs.

La masse des campagnards qui se jettent dans nos grands centres de population, où ils improvisent des industries de bouche, n'ont pas d'avances suffisantes, pour la plupart, et se voient obligés de payer de forts loyers et des frais généraux considérables, qu'ils ne peuvent que difficilement supporter. Ils se récupèrent comme ils peuvent sur le prix et la qualité des objets de consommation qu'ils vendent. Les grands établissements publics, destinés à l'alimentation, cherchent tous à briller pour séduire. Ils s'imposent un luxe inouï d'apparat que la consommation paie encore. La cherté des subsistances ne provient donc pas absolument, comme on le croit, du défaut de la production. Des causes diverses, provenant de nos travers et des exigences des industries, l'ont fait naître et l'entretiennent. La passion des jeux de bourse et des spéculations mercantiles, qui enrichissent vite quand elles réussissent, entraînent grand nombre de ruines et de faillites, et privent le commerce des fonds dont il aurait besoin. Cela fait que les trafiquants qui perdent à la Bourse se livrent par manière de compensation à la multiplication des denrées par toutes les falsifications possibles.

Dans les temps de grande fertilité, la France pourra encore faire des réserves en blé, pour couvrir le déficit d'une année mauvaise, parce qu'on ne fait pas d'excès dans la consommation du blé comme dans celle du vin ; mais nous ne devrons plus guère compter sur la surabondance de cette production, si nos prévisions et nos calculs sont exacts. Ce sera, du reste, une amélioration toute trouvée à la condition si intéressante du laboureur. Les travaux de la vigne qui exigent beaucoup de bras doivent, par le fait de l'extension de la viticulture, donner un plus large débit à la consommation du blé.

Ces considérations sur la culture du blé nous amènent à

.dire que depuis longtemps la France consomme tout ou à pe
près tout le blé qu'elle produit et qu'à intervalles qui se rap
prochent toujours plus, elle se voit obligée d'aller chercher
l'étranger l'appoint nécessaire à sa consommation. Nous devor
inévitablement, si la culture des céréales ne redouble pas d'ac
tivité et de prévoyance, demander à des pays voisins ou élo
gnés la quantité de blé destinée à combler le déficit de nos re
coltes, laquelle variera selon que celles-ci seront plus ou moir
inégales.

Mais par une compensation qui est tout à notre avantage, nou
devons aussi acquérir pour nos vins un marché plus étendu,
faire, si nous savons les produire et les vendre avec plus d'a
et d'industrie, que le monde entier vienne s'approvisionne
chez nous. Si l'Angleterre, cette grande nation mercantile
industrieuse, qui comprend si bien ses intérêts et sait à mer
veille les faire fructifier, possédait une ressource territoria
aussi riche et précieuse que la nôtre, elle saurait certainemer
en obtenir un meilleur profit. Son gouvernement y trouvera
une source abondante de revenus qui lui permettrait de régle
chaque année son budget en excédant, et peut-être de diminue
rapidement sa dette énorme. C'est le houblon qui sauve le
finances de l'Angleterre, le vin devrait enrichir celles de l
France. Il est un fait constant et de notoriété publique, su
lequel nous accumulons, pour le rendre plus évident, une foul
de preuves incontestables, c'est que la France produit mal se
vins, les vend mal, les gâte et que le trésor ne retire de l
propriété viticole et de son produit qu'un mince revenu. Croira
t-on que ce sont des négociants anglais qui font, dans notr
pays, le commerce du vin avec le plus de décence, de loyauté c
qui en retirent le plus de bénéfices ? Ils se sont établis à Bel
leville (Rhône), non loin des grands crûs du Beaujolais et du
Mâconnais, à proximité du chemin de fer de Paris à Lyon, dans

une superbe habitation. Là, au lieu de *travailler*, comme le font nos marchands français, les bons vins ordinaires, ils se sont avisés de mettre les meilleures espèces en bouteille, de cacheter et étiqueter les bouteilles et de les expédier par caisse à l'aristocratie anglaise, qui consomme ainsi nos vins francs de tout mélange ou adultération et les paie à ses expéditeurs à raison de 2, 3, 4 et 5 francs la bouteille, qui revient à ces derniers à 40, 60, 75 centimes et un franc au plus. Cette leçon n'a pas profité aux négociants parmi lesquels ils sont venus s'établir. Ceux-ci continuent d'envoyer leurs vins coupés ou frelatés à Londres, où ils ne trouvent à les vendre que très-difficilement. Ces vins, après avoir payé un droit d'entrée considérable, sont souvent consignés dans des magasins ou entreposés dans les docks et quelquefois réexpédiés en France.

Pour s'assurer de la grande prospérité qui règne aujourd'hui dans nos riches pays vignobles, il suffit de considérer leur aspect splendide, leurs coteaux couronnés de pampres, les villages coquets qui les décorent, les riches et innombrables habitations bourgeoises qui resplendissent au loin, les maisons d'exploitation confortables et les châteaux féodaux et modernes qui s'élèvent, de distance en distance, comme pour témoigner de la fertilité de notre sol et de la condition heureuse de ses habitants. Nos plantureux vignobles du Bordelais, des Charentes, de l'Hérault, du Cher, des côtes du Rhône, du Beaujolais, de la Bourgogne et de la Champagne, occupent nos sites les plus riants et nos meilleurs terrains. Ils s'étendent pittoresquement autour des monts et sur le penchant des collines qui bordent la plaine et ondulent gracieusement le long des fleuves, présentant ainsi de magnifiques panoramas où la vue s'égaie et vient se reposer avec délices.

Mais un contraste pénible, pour quiconque a de l'âme et de la pensée, frappe l'esprit et le cœur quand on compare ces lieux fortunés et enchantés avec le paysage assombri, froid, rigide, plein de monotonie et quelquefois désolé des plaines de la Bresse, de la Loire, de la Brie, de la Beauce, etc., où l'on récolte le blé. Le tableau qu'on a ici sous les yeux est tout différent de l'autre : il n'a ni le même ton, ni le même coloris, ni les mêmes aspects. On ne rencontre que rarement dans ces parages les fastueuses demeures de l'opulence, et la vie agricole y est dépourvue du charme et de l'animation qu'elle possède dans les pays vignobles. On voit de loin en loin apparaître une grosse ferme isolée qui étend sa domination sur un vaste domaine, puis un bourg morne, démesurément éloigné d'un autre où l'on compte à peine quelques centaines de feux. Dans le logis paisible du laboureur règne la même paix solitaire que celle qui s'étend sur la plaine. Le petit propriétaire et le fermier vivent là difficilement de la rente de la terre et ne peuvent, comme au pays de la vigne, ni s'enrichir ni économiser.

Le viticulteur possède, indépendamment des avantages que nous avons longuement énumérés, et par un privilége inhérent à la nature de son produit, la faculté de conserver sa récolte aussi longtemps qu'il le peut ou le veut et de spéculer dessus, si bon lui semble, en lui laissant prendre plus de valeur. On sait que le vin se bonifie et augmente de prix en vieillissant. Il arrive souvent même que, par d'heureuses prévisions ou d'habiles combinaisons, le vigneron retire de sa récolte une somme double ou triple de celle sur laquelle il avait compté au temps de la vendange. Le gros propriétaire agit, lui, un peu à la façon du marchand de vins en gros. Il est presque partout spéculateur. Au lieu d'écouler son vin au prix courant lorsqu'il est de bonne qualité et abondant, il le garde en cave jusqu'à ce que la tenue de la vigne lui fasse augurer favorablement ou défavorablement de la récolte pour l'année suivante. S'il survient quelque fâcheuse intempérie, le vin hausse rapidement. Le producteur peut alors réaliser un prix de vente comparativement beaucoup plus élevé que celui qu'il aurait obtenu s'il avait vendu plus tôt. Mais pour arriver à ce résultat, il lui faut souvent attendre quelques années. Cette opération n'est pas toujours sûre ; si le vin baisse, le producteur-spéculateur perd dans la même proportion qu'il comptait gagner.

Le blé, grâce à une sage prévoyance de la Providence, ne peut être que difficilement l'objet d'une spéculation de la part du producteur, parce qu'il ne se conserve pas en grange comme le vin à la cave ; tout au plus peut-on espérer, avec de grands soins, de le maintenir en bon état de consommation pendant deux ans. D'un autre côté, la loi défend l'accaparement : force est donc au propriétaire qui fait valoir et au fermier qui exploite de vendre leur grain dans un délai limité. Cela préserve le commerce du blé qui se fait honnêtement par le producteur des concurrences et des abus criants qui déshonorent celui des vins. On vend au marché le pur froment et rarement le vin pur. Le fermier est donc encore, sous ces divers rapports, plus mal partagé que le vigneron.

Les voies ferrées servent plus particulièrement les intérêts de la viticulture en lui permettant d'expédier ses produits à de nouvelles destinations et à de très-grandes distances. Transporter vite et à moins de frais, telle est la grande question d'intérêt général que le railway a en partie résolue et à laquelle l'abaissement des tarifs doit probablement donner dans peu de temps une solution économique des plus satisfaisantes. Une diminution dans les frais de transport est presque aussi avantageuse pour l'agriculture que le serait la diminution des frais de production. Ce n'est pas seulement aux producteurs que profite le nouveau mode de circulation qui s'est emparé presque entièrement des ressources de la messagerie et de la navigation. Les habitants des villes lui doivent la facilité qu'ils ont obtenue de pouvoir s'approvisionner de vins et d'autres objets alimentaires, presque à aussi bon marché que si ces habitants demeuraient dans le pays. La production et le commerce du blé ne jouissent pas de cet avantage au même degré que la viticulture et l'industrie des vins. Le transport, dans notre système économique, n'ajoute rien, ou du moins fort peu de chose, à la valeur d'une denrée qui n'éprouve, hors les temps de disette, que de faibles variations et sur laquelle il ne s'opère que des transactions restreintes qui ont lieu sur les marchés ou au domicile du laboureur. La mercuriale des blés n'a jamais tenu compte au producteur ni au marchand de grains des frais occasionnés pour leurs expéditions, qui ne s'effectuent ordinairement que dans un court rayon. Cela est si vrai que la vente du blé, du seigle, du riz, de l'orge, du maïs, des avoines, des légumes et des fourrages se traite chez les producteurs à des cours identiques à ceux des halles ou des marchés. Le producteur conduit le plus souvent lui-même son grain à la ville voisine. Ce n'est que lorsque le blé est cher et que le négociant le fait arriver à grands frais des pays étrangers, dans un but de spéculation, que le transport se compte ; mais alors il se compte largement, car il devient l'objet d'un véritable agiotage et quelquefois d'une spéculation effrénée. Le blé attendu dans nos ports est revendu avec prime plusieurs fois avant son arrivée, il augmente de prix, selon le temps employé et les distances parcourues pour se rendre à destination. Le vigneron qui vend son vin le plus souvent sur place, ne paie aucuns frais d'expédition. S'il l'envoie au consommateur, le prix de transport est compté en sus.

Mais ce serait une erreur grave de croire que le mode de transaction actuellement en usage dans nos pays vignobles est favorable à la viticulture : il lui est, au contraire, très-préjudiciable. C'est sur les marchés publics que tous les produits du sol doivent aller chercher leur prix de vente le plus avantageux.

Lorsque nous aurons, dans tous les grands centres de population, pour faciliter la production et la consommation des denrées de première nécessité, des marchés généraux bien tenus,
surveillés, administrés et approvisionnés, et que des banques
de crédit seront ouvertes auprès de ces marchés pour favoriser
l'agriculture et la consommation de ses produits, et pour assurer les propriétaires du sol contre les risques des intempéries,
un des plus grands problèmes économiques de ce siècle sera
résolu. Le producteur et le consommateur pourront alors se
réunir pour traiter eux-mêmes et directement de leurs propres
affaires et rendre ainsi inutile l'office onéreux des intermédiaires. Alors on verra renaître la loyauté dans les transactions et
la probité dans le commerce de l'alimentation.

Il résulte des faits précédemment exposés que la culture du
blé ne jouit pas vis-à-vis de l'impôt des mêmes immunités que
celle de la vigne. Les terres ont une production bien moins riche
que les vignes et sont presque également imposées. Si un dégrèvement de l'impôt foncier rural doit avoir lieu, nous ne
pensons pas qu'il puisse être justement applicable à la propriété
viticole. Mais l'impôt n'est nulle part, que nous sachions, à
charge aux propriétaires fonciers, depuis surtout que les biens
fonds ont acquis une plus grande valeur, et que leur revenu s'est
généralement accru de 2 à 3 0/0. Le produit de nos immeubles était, en 1789, de 1,300 millions, et la France présentait
une richesse de 4 milliards de revenu, soit territoraux, soit mercantiles et industriels ; ces quatre milliards se sont accrus de
huit autres ; mais la contribution foncière qui frappe la terre
est loin d'avoir suivi le mouvement ascencionnel de sa richesse et ne se trouve, par conséquent, plus basée sur la
proportionnalité du revenu.

La colossale opération du renouvellement du cadastre, com-
mencée il y à peine 60 ans, et terminée depuis peu de temps,

révèle des irrégularités nombreuses qui ont été commises par inadvertance ou intentionnellement, mais qui néanmoins subsistent au préjudice des intérêts de l'Etat. Ce vaste inventaire de la propriété foncière, qui devait servir d'archives perpétuelles, n'est, en bonne vérité, qu'un répertoire fourmillant d'erreurs, dont les registres pleins de surcharges rendent les recherches souvent infructueuses.

Quelques-uns de nos départements viticoles qui produisent une masse de vins et les vendent un haut prix, ne participent pas dans la mesure de leur richesse territoriale et du revenu de celle-ci aux charges de l'Etat ; en d'autres termes, l'impôt foncier viticole qu'ils paient est bien inférieur à celui qui fut établi en 1791 sur le pied de trois vingtièmes du revenu de la propriété, à raison de 5 0/0 du capital. C'est à peine si l'Etat reçoit aujourd'hui, dans quelques départements, un vingtième. Les terrains exploités par la viticulture, dans nos grands vignobles, ont acquis une plus-value proportionnelle au revenu de leur richesse productive ; l'impôt qu'ils paient est extrêmement léger.

Cette remarque est faite par ceux-là mêmes qu'elle intéresse et qui profitent, sans mot dire, de la faveur que leur fait involontairement l'Etat. Quelques communes du Beaujolais et du Mâconnais que nous pourrions citer, et où nous avons étudié attentivement la valeur et le revenu de la propriété viticole, ne paient pas plus de 12 à 15,000 fr. d'impôt foncier rural et récoltent, en certaines années, chacune, pour deux à trois millions de vins. Aussi le propriétaire ne se plaint-il pas dans ces communes de l'impôt, qui est en réalité insignifiant pour lui. Une cote de 15, 20 à 25 fr., payée pour un revenu de 2, 4 et 6,000 francs, ne peut assurément pas le gêner. Le recensement de l'impôt foncier qui ne s'opère qu'à de longs intervalles, ne permet pas à l'Etat de constater assez souvent la prospérité ou

la détresse des diverses régions agricoles. Cet impôt est établi
sur le revenu présumé des immeubles au moment où se fait
le cadastre, mais il demeure stationnaire quelle que soit l'augmentation ou la diminution produite par l'activité ou la négli-
gence du cultivateur. Si l'on procédait à de nouvelles esti-
mations cadastrales, on trouverait que le revenu du capital
de la viticulture s'est accru du double depuis vingt ans, et
du triple depuis soixante.

Le Gouvernement, dans des vues généreuses qu'on ne saurait trop louer, se propose de donner satisfaction aux intérêts
agricoles et économiques mis en lumière par l'enquête ouverte
sur toutes les parties du territoire. Si donc, il se décide à réduire les charges qui pèsent, soi-disant trop lourdement sur
certaines propriétés, nous croyons devoir l'engager à faire porter
cette réduction exclusivement sur les terres qui produisent le blé,
les fourrages et les autres céréales; mais si l'on voulait s'en rapporter à notre avis, il ne serait pas indispensable de diminuer
l'impôt foncier rural, qui n'est, ainsi que nous l'avons observé
dans nos excursions à travers la France, et que nous pourrions
le prouver par de solides raisons, nulle part à charge à personne.
Quant à la propriété viticole, nous le répétons, elle ne paie
pas à l'État ce qu'elle lui doit. Le remaniement partiel du cadastre ou simplement l'inventaire de cette propriété établirait
d'une manière irréfragable ce que nous avançons. Nos vignes
restent chaque année redevables de nombreux millions au
trésor.

L'enquête agricole ne s'est nullement préoccupée de ce fait
anormal non plus que des intérêts de la viticulture. Son programme ne renferme que quelques questions assez insignifian-
tes sur la vigne.

Le but que s'est proposé le Gouvernement, en ordonnant
l'importante manifestation qui vient d'avoir lieu, et qui a mis

en évidence, non-seulement les besoins de l'agriculture, mais encore ses exigences est, en vérité d'une grande utilité, puisqu'il s'agit d'améliorer par des réformes reconnues indispensables la condition matérielle du peuple des villes et des campagnes. Aussi la France entière en éprouve-t-elle une vive satisfaction et se montre cordialement reconnaissante de la nouvelle preuve d'intérêt qu'elle vient de recevoir de la haute sollicitude de l'Empereur, à qui elle est redevable de tant d'autres bienfaits ! Selon nous, l'enquête devait étendre ses investigations à tous les éléments de l'industrie agricole et à toutes les questions d'économie qu'ils renferment, et s'assurer particulièrement des besoins et des ressources de notre viticulture, qui est, redisons-le encore, la source la plus sûre de la richesse agricole de notre pays, et la branche la plus importante de notre agriculture. Et qu'on ne se récrie pas contre ces observations, c'est un agriculteur praticien qui parle ainsi. Né à la campagne, dans un pays vignoble que nous habitons , et fils d'un viticulteur expérimenté, nous avons pu nous livrer de bonne heure à une étude pratique sérieuse et approfondie de la culture de la vigne.

On a beaucoup parlé, dans ces derniers temps, des souffrances de l'agriculture ; mais bien peu de personnes se sont donné la peine de rechercher dans les faits la nature et les causes de ces prétendues souffrances. Or, quand tout le monde raisonne sur les on-dit, tout le monde est bien près de se laisser abuser et induire en erreur. Dire que notre agriculture souffre, c'est parler un vieux langage qui a fait son temps et répéter des plaintes banales sans fondement, qui sont du domaine de la critique. L'agriculture, il est bon qu'on le dise et le sache, ne peut souffrir dans notre pays que des intempéries des saisons, des fléaux destructeurs et des maladies des végétaux, en un mot, du manque de production. Pour pouvoir dire avec raison que l'agriculture souffre, il faudrait admettre, ce qui serait contraire à la vérité, que notre sol, qui est d'une fécondité inépuisable a restreint la somme de ses productions, que l'action du travail se ralentit dans nos champs, que nos agriculteurs ont perdu leurs habitudes d'activité et de travail, et que les denrées de toute espèce n'ont plus d'écoulement et se vendent à vil prix. Toutes choses qui, Dieu merci, n'existent pas. Nous produisons autant et même plus que jamais. Pour s'assurer de l'exactitude de cette assertion, il suffit, si l'on ne veut pas parcourir comme nous les campagnes, d'interroger les cultivateurs, de visiter leurs champs et de consulter l'Annuaire général de la production des denrées et des céréales de la France pour l'année 1866. Mais nous avouons que nous pourrions produire beaucoup plus. Or donc, si nous ne pouvons accuser ni la bonté de la Providence, ni la fécondité du sol, ni la clémence des saisons, ni l'ardeur de nos paysans, ni la situation heureuse des affaires publiques, à qui ou à quoi faut-il en attribuer la cause, si notre agricultre ne nous fournit pas un grand excédant de productions de toute espèce ? A nous-mêmes, à nos penchants et à l'imperfection de notre système d'économie agricol e. Les maux qui pourront un jour réellement affecter l'agriculture proviendront de causes purement morales.

Nous avons des motifs bien plausibles pour ne pas croire et convenir que l'agriculture souffre ; mais ne voulant pas être en complet désaccord avec l'opinion publique, nous admettrons qu'elle éprouve un malaise qu'on a cherché à attribuer aux causes les plus diverses et les moins fondées. Les véritables motifs de ce malaise ne sont autres que la routine dans laquelle on la laisse croupir, le défaut d'intelligence, l'absence d'observation et surtout le manque de capitaux.

Il était convenu de dire sous le règne de Louis-Philippe, plutôt par ton que par conscience et conviction, que l'agriculture

était prospère, et chacun de penser de même et de croire à l'opinion de tout le monde. Aujourd'hui, on trouve bon de changer
d'avis, et le peuple, dont l'esprit est imbu d'idées fausses en
matière d'économie agricole aussi bien qu'en matière politique
et qui croit à l'infaillibilité des doctrines erronées de ceux qui
le flattent pour mieux le tromper, s'en va répétant d'un ton
presque lamentable, sans qu'il y ait rien de changé au fond des
choses : L'agriculture souffre ! Puis il brode sur ce thème et
formule des prédictions malheureuses, dépourvues de tout
sens commun.

Notre pays n'a pas été que nous sachions, depuis l'avénement
au trône de Napoléon III, la proie des fléaux destructeurs ; à
part les malheurs causés par les inondations du Rhône et de la
Loire, qui ont été en grande partie réparés par les dons généreux
de l'Empereur, les allocations de l'État et les bienfaits de la
charité publique, nul n'a constaté que le déchaînement des éléments ait exercé pendant une période de dix-huit années qui a été
comparativement une des plus productives de ce siècle, des ra-
vages plus désastreux qu'en d'autres temps. La production de
toutes nos denrées a, au contraire, suivi une progression cons-
tante et régulière. On en trouve la preuve dans l'augmentation
de notre richesse mobilière et immobilière, qui s'est accrue d'un
nombre considérable de milliards que nous ne chiffrerons
pas de crainte d'être taxé d'exagération, mais à ce point que la
France peut en ce moment supporter une dette décuple de celle
qui l'aurait effrayée il y a vingt ans.

En ce qui est des maladies des végétaux lesquelles, croyons-
nous, sont produites par des perturbations atmosphériques et
les brusques variations de la température, elles ont causé de
graves dommages dans quelques contrées en sévissant conti-
nuellement ou par intermittences pendant un assez long
espace de temps ; mais en disparaissant elles ont laissé aux ter-

rains infestés une nouvelle force productrice qui a rétabli par une large compensation l'équilibre de la production générale.

Nous avons consacré plus d'une année à visiter le domaine viticole de la France et pu acquérir la certitude que l'agriculture n'éprouve nulle part les souffrances dont on la dit accablée. Elle se porte au contraire à peu près bien partout et à merveille dans nos régions les plus fertiles. Le malaise que nous lui accordons gratuitement provient dans certains lieux d'un excès de vitalité qui ressemble en quelque sorte à celui d'une personne qui a trop d'embonpoint. Il est des parages où elle regorge de productions. Dans les pays vignobles de l'Ouest, du Midi, et du Sud-Est de la France, où la vigne est entre-coupée d'autres cultures très-productives, la production terri-toriale est extrêmement abondante et l'agriculture ne manifeste aucun signe de détresse. Les masses de vins récoltés, les eaux-de-vie et autres produits dérivant de ces vins suffiraient pour mettre ces pays à l'abri de tous besoins. La vigne est presque l'unique ressource de l'Hérault, elle enrichit ce département en lui donnant des quantités énormes de petits vins qui se vendent bien. Les vignobles du Gard sont plus riches et par conséquent plus heureux. Les cultures des contrées méridionales de la France sont en général très-favorisées. La Provence n'a aucun motif pour se plaindre de sa condition agricole ; elle trouve de grandes ressources dans ses plantations de mûriers, d'oliviers, d'orangers et quelques productions des tropiques qui ont donné naissance à des industries très-prospères. En outre, elle a ses primeurs hâtives dont elle fait un grand commerce. Le touriste agronome qui s'arrête dans l'ancien Comtat-Venaissin et les pays avoisinants est étonné de la prodigieuse fertilité du sol, de la variété de ses produits et de la vigueur de la végétation ; là, comme dans l'Ohio (États-Unis d'Amérique), la terre est mise à pleine contribution, c'est un véritable humus. On récolte souvent dans une même exploitation le vin, le blé, l'avoine, le chanvre, le lin, le safran, la garance, des légumes et des fruits de toute sorte. Les riches contrées viticoles des côtes du Rhône, du Beaujolais, de la Bourgogne, dont nous avons beaucoup parlé, les plaines fertiles du Dauphiné, de la Bresse, de la Loire et autres où l'on produit le blé en abondance, ne trahissent non plus aucune souffrance agricole. Les habitants de ces dernières contrées ont eu, il est vrai, longtemps à se plaindre du bas prix de leurs récoltes ; mais ils se trouvent cependant dans une position relativement heureuse, car la grande production offre un dédommagement à leurs mécomptes.

Parcourons-nous les bords de la Loire en temps moins tristes qu'en celui des inondations, pour découvrir les traces des souffrances agricoles, sur lesquelles on fait si grand bruit ; mais ce fleuve majestueux, qui se développe dans un parcours de 200 lieues, et sur les rives duquel sont assises, de distance en distance, des villes florissantes, arrose et fertilise de riantes campagnes et répand l'abondance partout sur son passage. La Touraine est le jardin de la France ; c'est un beau pays, et un beau pays est toujours riche et productif. Si l'on parcourt la Champagne, la Brie, la Beauce, et que l'on s'écarte, à l'est, à travers le pays des Vosges, du Jura et sur les rives du Rhin, on peut encore constater que les cultures de ces contrées donnent aussi des résultats très-satisfaisants. La Normandie figure, à juste titre, comme l'une des plus opulentes provinces de la France. Traversée par un grand fleuve, riche de ses gras pâturages, sans rivaux dans le monde, et en communication facile avec l'Angleterre par ses côtes, elle n'a rien à désirer en fait de ressources agricoles. Si l'on poursuit cette investigation, on arrive dans les environs de la capitale ; ici on éprouve un sentiment de vive admiration pour le modeste travailleur de la terre, qui a fait faire un pas immense au progrès agricole, et qui, à force d'intelligence, de

travail et d'engrais, est parvenu à transformer le sol le plus
ingrat et le plus aride de la France, que le tuf a longtemps
stérilisé, et qui, aujourd'hui, grâce aux améliorations et aux
soins éclairés des cultivateurs parisiens , est devenu très-
propre à l'horticulture, à la production des plantes potagères, à celle des fourrages artificiels, à la venue des arbres
fruitiers, à la plantation des parcs et des jardins d'agrément, à
la culture de la vigne et du blé, et surtout à celle de l'asperge
et du melon, qu'on ne fait nulle part ausi bien, et dont les
maraîchers savent tirer un si beau profit. Ajoutons que l'on ne
trouve dans aucun pays des pêches aussi savoureuses que celles
de Montreuil et des raisins plus délicieux que le chasselas de
Fontainebleau. L'agriculture des régions du Nord, Nord-Est
et Nord-Ouest est tellement variée que son étude exige un temps
considérable. On rencontre dans cette partie de la France agricole toutes les cultures, à l'exception de celles de la vigne, du
mûrier et de l'olivier, cultures exclusivement propres aux pays
méridionaux. Les céréales y sont abondantes. Les betteraves
entretiennent l'industrie sucrière du département du Nord, et
sont d'une grande ressource comme fourrage pour les cultivateurs. On cultive avec succès, dans ce département, le lin, le
chanvre, les plantes oléagineuses, le tabac, le houblon, la chi-
corée, les plantes médicinales, les herbages et les plantes fourragères. Ces diverses cultures sont entremêlées de prairies de
toute nature, et les usines agricoles fonctionnent avec activité
au milieu d'une végétation luxuriante. L'agriculteur, dans le
nord de la France, a su mettre à profit, plus que partout ailleurs,
les découvertes et les procédés scientifiques qui peuvent accroître les forces de l'homme et augmenter la fécondité de la terre.

Les souffrances agricoles, si souffrances il y a, ne peuvent
donc pas être imputées au dénûment de la production. On va
jusqu'à prétendre que la France produit trop et qu'il faut aviser

aux moyens de restreindre sa production. On ne saurait assez démontrer aux dangereux utopistes qui émettent une semblable proposition qu'au lieu de réduire les productions générales, il faut augmenter ces productions par tous les moyens possibles.

Ne pourrait-on pas donner une forte impulsion à notre agriculture en faisant appel aux hommes doués de capacités spéciales, qui vivent ignorés et privent le pays de leurs lumières. Les théories agricoles sont, en France, comme les théories poliques, sujettes à tomber dans le faux et l'absurde. Nous sommes tellement convaincus des ressources et des moyens utiles dont notre pays peut disposer en faveur de l'agriculture, que, dans quelques années, on ne se souviendra plus de ses défaillances d'aujourd'hui, et que l'on ne voudra pas y croire.

Si l'agriculture ne se trouve pas, en France, dans les conditions de prospérité que réclament pour elles les nombreux éléments de succès qu'elle possède, c'est qu'elle est encore parmi nous l'objet d'un grave préjugé qui fait qu'on ne l'estime pas assez. Il faut non-seulement l'encourager, mais encore l'honorer. Nous nous plaisons à reconnaitre qu'elle est notre mère nourricière et l'une des mamelles de l'Etat; mais nous nous gardons bien de lui consacrer l'intelligence et les capitaux qui lui sont nécessaires, et de dévouer à son service notre jeunesse, qui lui préfère les carrières dites libérales où l'on trouve les honneurs, les dignités et la fortune.

Ah! si l'on pouvait élever l'agriculture à la hauteur d'une mission sociale, semblable à tant d'autres qui sont moins utiles, le rôle de l'économiste deviendrait bien simple et serait surtout des plus faciles à remplir. Nous n'entendrions plus alors parler de souffrances agricoles. Et puis, est-ce que l'on n'oublie pas trop aussi à notre époque où l'on distingue et récompense toutes les capacités de mettre en évidence la valeur de l'homme en agriculture et en lumière son mérite? Nos riches possesseurs

du sol ne s'honorent que du titre de propriétaires ; celui d'a-
griculteur froisse leur amour-propre. Ils n'aiment pas une vocation qu'en certains temps et dans certains pays on considéra
à l'égale d'un sacerdoce. On a aujourd'hui des vues plus
élevées, plus intéressées, que l'on reporte sur des mobiles de
spéculation plus dignes d'occuper le génie qu'on croit avoir et
qu'on veut léguer aux siens. Les riches propriétaires du sol
ne veulent voir dans l'exploitation agricole qu'une basse
industrie dont la nature fait les frais et prend les soins et que le
paysan a mission de diriger. En conséquence, ils malmènent
les cultures, s'ils essaient de faire valoir, en expriment les re-
sources et la faculté productrice avec avidité ; et, s'ils louent
leurs domaines, laissent faire, faute de connaissances agricoles,
ce qu'ils ont fait ou feraient eux-mêmes. Combien compte-t-on en
France de gros propriétaires fonciers qui ne soient ni commer-
çants, ni industriels, ni magistrats, ni fonctionnaires, ni quoi
que ce soit dans le gouvernement ou les affaires, et qui, osant
bravement se dire agriculteurs, s'occupent uniquement de la
culture de leurs champs? Combien aussi y a-t-il dans cette
France qui a fourni tant d'hommes illustres en tous genres, dont
le génie a rayonné dans le monde entier, d'esprits simples mais
éminents qui aient voué leur intelligence à l'agriculture en la
dotant de quelque ouvrage scientifique propre à l'éclairer et à
lui tracer sa marche dans la voie du progrès. Quelques-uns sont
venus cependant et se sont occupés d'elle dans le passé. De ce
nombre est Ollivier de Serres, qu'on a appelé à tort le Père de l'a-
griculture, puisqu'il n'a pas laissé de postérité dans la carrière. Il
faut aujourd'hui plus que du courage pour s'adonner à la science
agricole, il faut, ce qui est plus rare, de l'abnégation. Nous n'a-
vons pas de Code rural, pas un seul bon traité d'agronomie, et
l'enseignement de l'économie politique, dont les trois quarts et
demi des Français ignorent et l'utilité et la signification elle-

même de la chose, est restreint à quelques chaires dans les écoles du Gouvernement. Les éléments de cette science devraient se vulgariser dans les lycées, et les écoles primaires. Nous manquons aussi d'un ouvrage résumant pour toutes les questions se rattachant à la culture de la vigne l'état actuel de nos connaissances et pouvant servir de point de départ aux recherches ultérieures. D'un autre côté, nous n'avons montré encore de l'agriculture à nos paysans que le fait monotone et abrutissant. Il ne faut donc plus s'étonner de les voir prendre leur vocation en dégoût.

L'agriculture ne paraît éveiller chez nous que les convoitises de l'intérêt. Si le revenu que donnent les vignes et les terres est trop inférieur à celui que le propriétaire envisage dans d'autres placements, il vend sa propriété rurale, achète une maison à la ville, et, ce qui est plus commun. spécule à la Bourse avec l'argent de l'immeuble aliéné, croyant ainsi faire une spéculation plus fructueuse. Ce déplacement de capitaux et cette recherche des gros revenus qui passionne les propriétaires, sont extrèmement nuisibles aux intérêts de l'agriculture, et pourraient, s'ils continuaient à se propager, devenir une véritable cause de souffrance et peut-être de ruine pour elle.

Les Anglais et les Américains, ces deux grands peuples auxquels nous demandons constamment des motifs de comparaison et de rapprochement, quand il s'agit de glorifier ou de dénigrer nos institutions politiques, et que nous ferions mieux de prendre pour modèle, comme agriculteurs, emploient, eux, sans scrupule ni hésitation leurs facultés intellectuelles et leurs capitaux au développement et à l'amélioration de leurs cultures. Si des millions d'Allemands et d'Irlandais ont passé l'Atlantique pour aller cultiver les terres de l'Amérique du Nord, c'est que ces terres leur offrent un plus gros revenu, sans cependant être beaucoup plus fertiles que les nôtres. C'est au prix de grands travaux, rendus féconds par une législation favorable et une organisation sociale et économique toutes différentes de celles de l'Europe, qu'ils obtiennent la récompense de leurs peines. Il faut, en Amérique, donner beaucoup à la terre, en labours et en engrais, pour qu'elle rapporte beaucoup, et c'est là ce que l'on ne manque pas de faire. La rente moyenne des sols anglais et américains, bien cultivés, s'élève à 10 % pour le propriétaire qui fait valoir ou le colon qui a obtenu une concession de terrain, et l'on sait que chez nous le propriétaire qui ne fait pas valoir retire à peine le 3 % de ses biens-fonds. C'est un très-grand malheur pour le pays que nos gros propriétaires ne veuillent pas se mettre à cultiver comme en Amérique et en Angleterre.

Nous n'aimons pas assez l'agriculture en France. En effet, ne voit-on pas, dans le Jura et les Vosges, les habitants des campagnes se faire cultivateurs pendant l'été, horlogers ou serruriers pendant l'hiver, et dans certains départements, même les plus productifs, adopter une industrie qu'ils exercent concurremment avec le travail de la terre, donnant la moitié de leur temps à celui-ci, l'autre moitié à celle-là. Cette interversion dans l'ordre des conditions industrielles a de graves conséquences.

On compte en ce moment dans les communes rurales du département du Rhône de quinze à vingt mille individus des deux sexes qui se livrent au tissage de la soie, du coton, de la mousseline et à la confection des dentelles.

D'un autre côté, ainsi que nous l'avons dit, notre population va toujours en augmentant et la production agricole ne peut forcément que décroître, si les villes lui enlèvent chaque année de nouveaux bras et se saisissent, comme dans le Rhône, de ceux qui lui restent. Le déplacement des populations rurales et la transformation, dans quelques pays, du paysan-laboureur en ouvrier industriel, ont amené l'élévation du prix des salaires des domestiques et celui des journaliers. Les frais de culture augmentent dans ces pays et la production des denrées diminue. Les paysans remplissent l'office des tisseurs, mais ils ne peuvent être remplacés par ces derniers dans leurs travaux des champs. Il suit de là une double conséquence également funeste à l'agriculture et à l'industrie.

Nous avons fait connaître quelques-unes des causes qui contribuent à faire enchérir les subsistances et donnent un démenti formel aux détracteurs, qui attribuent les souffrances de l'agriculture à l'insuffisance de la production ; en voici une autre qui vient encore justifier nos assertions.

Personne n'ignore que nous fournissons énormément de provisions alimentaires à nos voisins et que la France est pour eux un véritable marché d'approvisionnements. Un relevé de la douane porte, pour 1866, à 475 millions la valeur des œufs, beurre, volailles, poissons, fruits, viandes et vins exportés de France en Angleterre; ce pays reçoit de nous toutes sortes de produits et ne nous envoie rien. Cependant, la somme générale de nos productions agricoles n'est pas ce qu'elle devrait et pourrait être.

La création d'écoles destinées à l'agriculture, l'établissement de nouveaux marchés publics, de banques de crédit spéciales, et l'organisation par ces banques des assurances agricoles, féconderaient le sol avec une puissance au moins égale à celle du travail; nous obtiendrions, par ces moyens, un résultat double.

Mais si la production se trouve en ce moment réduite par suite de la déperdition d'une somme énorme de travail occasionnée par le dépeuplement des campagnes, elle sait se mettre néanmoins au niveau des besoins de la consommation, au moyen de l'adoption du système de compensation frauduleux qui consiste à dénaturer tous les objets destinés à l'alimentation. Paris, produit artificiellement autant de vins que la Bourgogne;

nous ne sommes pas bien sûr qu'il ne récolte pas autant de blé que la Brie et la Beauce.

L'enquête agricole n'a pu, d'après le mode qu'elle a adopté, procéder à la vérification des faits économiques que nous indiquons. Pour produire d'excellents fruits et porter à la connaissance du Gouvernement les véritables besoins et les ressources de l'agriculture, elle aurait dû diviser ses travaux en autant de catégories qu'il y a en France de cultures importantes, et envoyer des commissaires sur les lieux. Chaque production particulière du sol, aurait pu être ainsi facilement inventoriée et examinée dans ses rapports avec l'impôt, les frais de culture, la nature et la valeur du sol, et les accidents atmosphériques. La statistique de la production, sans laquelle il ne peut, à notre avis, exister d'information sérieuse et précise sur l'état de l'agriculture, aurait dû nécessairement précéder ou accompagner l'enquête.

C'est d'après ce système que nous voudrions qu'il fût procédé à une enquête viticole spéciale qui viendrait éclairer le gouvernement sur de précieux intérêts qui restent en souffrance.

L'étude de la viticulture ne peut procéder que par principes généraux, mais elle est facile par enquête locale sur la composition, la qualité et la manutention des terres, sur la valeur des engrais et des amendements, sur les modes et les prix de constitution, sur les procédés de culture, sur le climat et la salubrité des lieux.

Les longs et laborieux travaux auxquels nous nous sommes livré pour élaborer notre système d'économie viticole nous autorisent, en quelque sorte, à prendre l'initiative d'un pareil projet que nous osons soumettre à l'approbation du Gouvernement.

L'enquête que nous proposons aurait, indépendamment de son caractère d'utilité publique, un but exclusif concernant les intérêts de l'État, en ce qu'elle pourrait lui fournir des documents utiles propres à faciliter l'application judicieuse et équitable d'un droit légal de répartition contributive.

Nous le répétons, nous avons un vieux cadastre et une jeune propriété viticole qui reçoit un accroissement continuel de valeur depuis que de toutes parts on défriche, plante et cultive. Le Gouvernement s'est imposé de grands sacrifices pour lui venir en aide, et ne reçoit en retour de ses bienfaits qu'un tribut sans compensation. Les vignes sont d'ailleurs, comme nous l'avons dit, une propriété toute spéciale. Leur culture a pris un formidable développement dans la Charente, l'Hérault, les Deux-Sèvres, le Rhône, le Cher, le Jura et l'Yonne. Si l'on procédait à une révision cadastrale de la propriété viticole, on pourrait facilement se convaincre des faits que nous énonçons.

On se rappelle sans doute la faveur qui accueillit les idées de défrichement vers le milieu du règne de Louis-Philippe. Tous les départements se couvraient de compagnies agricoles ; on défrichait, défrichait... avec une sorte d'emportement. L'activité que déployaient alors nos agriculteurs pour le défrichement s'est tournée de nos jours du côté des terres favorables à la plantation de la vigne et l'on plante en ce moment partout avec entrain. La contribution foncière peut s'élever en la réorganisant, mais pour que la rénovation d'un travail aussi dispendieux qu'immense n'ait pas une utilité éphémère et qu'elle survive à la génération qui la verra s'accomplir, il est absolument nécessaire d'agrandir les cadres qui avaient été adoptés et d'élever les échelles des plans.

Des régions boisées d'une grande étendue ont été de part et d'autre défrichées et converties en vignes ; elles restent vis-à-vis de l'impôt dans la même situation que précédemment. L'accroissement de la contribution n'a pas suivi instantanément celui du revenu procuré par des dépenses extraordinaires d'amélio-

ration; le privilége est devenu perpétuel et injuste. Les contri-
buables ont droit de rappeler ceux d'entre eux qui jouissent de
cette immunité à l'égalité proportionnelle.

La destruction des bois et des forêts, qui s'est opérée en moins
de vingt ans sur une superficie de plus d'un million d'hectares de
terrain, est une des causes décisives qui amènent le déborde-
ment des rivières et des fleuves, ainsi que le retour périodique
et déplorable des inondations, qui rendra tôt ou tard nécessaire
le reboisement des terres en pente qui avoisinent les grands
cours d'eau.

Les terrassements, les rapports de terre, l'arrachement des
bois, l'extraction des pierres, le brisement des rochers jusque
dans les entrailles de la terre et tous autres travaux d'aménage-
ment et d'amélioration ont nécessité, il est vrai, de grands frais
aux cultivateurs qui se sont livrés à ces entreprises ; mais les
terres amendées, qui n'avaient avant leur appropriation aucune
valeur appréciable et ne rapportaient presque rien, sont devenues
très-productives et se vendent maintenant couramment de
7 à 10,000 francs l'hectare. Les défrichements ont été exemptés
en tout ou en partie, et pendant un certain nombre d'années,
des contributions ; ils jouissent encore de cette faveur et doivent
rentrer dans la loi commune.

Nous possédons un ténement de vignes de la contenance de
50 ares, qui fut planté en 1835, à la suite d'un défoncement
laborieux exécuté sur un terrain abrupte et aride, dénudé en
certains endroits, n'ayant en d'autres que peu ou presque point
de terre végétale ; c'était alors une garenne. Çà et là croissaient
des lianes, des brandes, des broussailles, et végétaient quelques
vieux chênes rabougris. Ce terrain fut acquis en 1830 au prix de
150 francs ; il est évalué à plus de 3,000 aujourd'hui, et nous
rapporte, année moyenne, déduction faite des frais de culture,
500 francs. La valeur de ce fonds a, dans l'espace de 36 ans,

deux fois décuplé ; mais l'impôt n'a pas varié ; il est aujour-
d'hui, comme en 1830, de 1 fr. 15 c. Tout le versant où est
située cette vigne et une grande partie du territoire de la
commune dont elle dépend sont dans une situation analogue.
Ce fait, et tant d'autres de même nature que nous pourrions
citer, accusent la vigilance de l'administration de l'impôt. Les
fonctionnaires préposés au recouvrement des deniers publics sont
en général peu dévoués aux intérêts de l'Etat. Ils ne mettent pas
un très-grand zèle à remplir les devoirs de leur charge et ne
prennent ni le temps ni la peine d'examiner la nouvelle situation faite à la propriété. Les uns, comme les répartiteurs, dans
un but d'intérêt particulier, les autres, pour ne pas accroître
les fatigues de leur ministère. Pour parvenir à une répartition
équitable de la contribution foncière, opération qui exige beaucoup de loyauté et d'impartialité de la part des fonctionnaires
qui en sont chargés, il faudrait changer le mode de constatation
et ne pas laisser à des intéressés, tels que les administrateurs municipaux, le soin de répartir l'impôt, si l'on veut
que chacun le supporte en proportion de sa richesse. L'égalité
dans la répartition est un principe fondamental dont on ne
doit pas s'écarter. Nul n'a été, mieux que nous, à même de
voir comment on met ce principe en pratique. Le répartiteur est
choisi parmi les notables et plus forts imposés de la commune.
Il est souvent juge et partie dans sa cause ; il se montre toujours
le partisan du *statu quo*, lorsqu'il y a lieu à l'augmentation des charges, et le contribuable le plus dévoué de sa commune vis-à-vis du dégrèvement. Comment alors supposer
raisonnablement qu'il puisse remplir les formalités et les pres-
criptions de son mandat d'une manière désintéressée, avec toute
l'indépendance et le dévoûment que ses fonctions exigent. Sa
volonté est enchaînée par une foule de considérations. Le répartiteur appelé à se prononcer sur les cotisations mobilières

et foncières, lors de la révision de l'impôt, ne prendra jamais
sur lui de formuler une demande en augmentation des contributions de Jean, Pierre, Jacques, ses voisins de propriété ou
d'habitation, ni d'exiger que la vigne de Benoît, qui est située
un peu plus loin que la sienne, sur le même coteau, soit l'objet
d'une sincère vérification. Il exercera également cette fâcheuse
tolérance vis-à-vis de Vincent, qui possède une terre chènevière
mal imposée à l'autre extrémité du village, parce que Jean,
Pierre, Jacques, Benoît, Vincent, ses voisins et amis, constamment en instance auprès de l'administration, pour obtenir des
réductions, savent fort bien qu'ils ne paient pas tout ce qu'ils
doivent, mais savent aussi que lui, Philibert, le répartiteur, qui
est, comme eux, l'ennemi naturel de l'impôt, est dans le même
cas, et qu'il ne pourrait, sans se dénoncer, les accuser de ne
pas payer assez. Une solidarité mutuelle qui les garantit de
l'application de toute nouvelle charge existe entre eux et s'exerce
de cette manière au préjudice du Trésor. Les paysans sont tous
avares et se liguent contre l'ennemi commun qui en veut à leur
bourse. Il sera toujours aussi difficile d'obtenir qu'ils fassent
l'aveu exact du revenu de leurs propriétés qu'il l'est d'obtenir
de leur dissimulation un témoignage judiciaire véridique.

L'incompatibilité et la connivence ne sont pas les seules
causes qui s'opposent au fonctionnement normal de l'administration de l'impôt et à l'établissement équitable de celui-ci. Il
y a à côté d'elles l'incurie et le défaut d'investigation; nous
prouvons cette allégation par un fait qui nous concerne. Nous
sommes propriétaire, dans le Bas-Beaujolais, d'un petit domaine
où se trouve une maison d'exploitation habitée par un vigneron,
laquelle est entourée d'un demi-hectare de vignes. La maison
fut construite en 1831 et la vigne plantée quelques années plus
tard sur un terrain en jachère qui ne fut sans doute pas imma-
triculé dans la refonte du cadastre, qui eut lieu quelque temps

après la révolution. L'erreur commise par les géomètres chargés de relever le plan des parcelles devait se perpétuer indéfiniment. L'immeuble dont nous parlons, et devant lequel passent chaque jour les répartiteurs, le percepteur, le receveur de l'enregistrement et souvent aussi le vérificateur des domaines, est situé à la porte d'un chef-lieu de canton. Il a été transmis plusieurs fois par voie de succession, puis aliéné, sans que l'erreur préjudiciable au Trésor ait été ni relevée ni constatée. Le propriétaire de ces immeubles, qui demeurent depuis longtemps libres de toute redevance envers l'Etat, se demande comment il peut se faire qu'une mutation de propriété ne donne pas lieu à l'examen de l'impôt qui la frappe. Vingt fois il a eu l'idée d'aller signaler à qui de droit cette irrégularité, mais un motif puéril l'a retenu au moment d'accomplir un acte de réparation qu'il considérait comme un devoir. Peut-être, se disait-il, me fera-t-on la même observation que celle qui fut faite à un contribuable de ma connaissance qui s'adressait au percepteur de son endroit, pour lui demander la rectification d'une erreur semblable, à savoir que l'Etat était plus riche que lui et qu'il pouvait facilement se passer des quelques francs et centimes dont il lui restait chaque année redevable.

Les droits de mutation sont-ils mieux perçus que l'impôt foncier ? Rien ne nous autorise à le croire. Ces droits contre lesquels on s'est élevé pendant l'enquête agricole et dont le détournement prouve encore l'incurie ou l'extrême tolérance de l'administration, sont aujourd'hui, par le fait de la liberté qu'on laisse aux acquéreurs de biens immeubles, partout éludés ou restreints, et cela sous les yeux même des officiers ministériels qui, souvent par calcul, en conseillent la frustration et en déterminent le taux. Si ces droits grevaient, comme on veut bien le dire, la propriété, au point d'empêcher l'aliénation et l'échange des immeubles, le morcellement excessif des terrains

qui, en définitive, est une marque évidente de la prospérité agricole. n'aurait pas lieu. En toutes choses, il faut être logique, et
surtout dans ces graves questions économiques qui remuent si
profondément l'intérêt public. Pour garantir les intérêts de
l'Etat et ceux des particuliers qui réclament des modifications
législatives sur ces droits, il conviendrait peut-être de les
abaisser à 5 % et de rendre obligatoire la sincérité de leur
déclaration. Si cette mesure était adoptée, il s'effectuerait
des mutations en bien plus grand nombre qui compenseraient
largement le déficit causé par la réduction, qui serait de moindre importance que celle dont les contractants s'affranchissent
volontairement. Cette modification ferait, à coup sûr, affluer
de nombreux millions dans les caisses du Trésor.

L'institution des répartiteurs laisse donc beaucoup à désirer.
Elle est, à notre avis, susceptible d'une réforme radicale. Les
faits que nous avons signalés ne sont pas les seuls qu'on puisse
lui reprocher.

Nous laissons au gouvernement et à la sagacité des hommes
d'Etat et des administrateurs compétents le soin de rechercher
un nouveau système propre à établir la répartition équitable
des contributions directes, mais un système qui soit plus con-
forme à l'esprit libéral de nos institutions et aux intérêts de
l'Etat, et de s'assurer si les répartiteurs actuels ne pourraient pas
être avantageusement remplacés par des jurys cantonaux dont
les membres seraient choisis parmi les propriétaires et les agriculteurs expérimentés et éclairés, lesquels exerceraient leurs
fonctions dans d'autres localités que celles où ils résident et ont
leurs propriétés. Ces fonctions seraient gratuites; les répartiteurs cantonaux prêteraient serment au Gouvernement. Leurs
opérations devraient être contrôlées par une commission dé-
partementale nommée par les préfets. Les répartiteurs auraient
pour mission de représenter les intérets de l'Etat et non ceux
des particuliers.

Les différentes questions économiques que nous avons abordées dans ce travail ne sont certes pas de notre compétence ;
mais comme elles sont toutes palpitantes d'intérêt et d'actualité,
qu'elles ont une liaison intime avec les vues de notre projet
d'enquête viticole, nous avons cru pouvoir les soulever inci-
demment.

Il y a peu de temps encore, des hommes bien connus dans
le monde politique pour leur opposition systématique à la politique du Gouvernement, ne crurent mieux faire pour donner la
mesure de leur dévoûment au pays, que de s'occuper des intérêts de la viticulture. Il y avait parmi eux des journalistes de la
presse parisienne opposante, des tribuns et des commissaires de
la République de 1848. Tous étaient étrangers par état et par
goût à ces intérêts, n'importe! Ils sollicitèrent auprès de l'administration l'autorisation de réunir à Mâcon un Congrès viticole,
laquelle leur fut refusée. Ils ne furent pas plus heureux dans
une tentative subséquente qu'ils firent pour obtenir que ce congrès eût lieu à Paris : nouvelle demande, nouveau refus. Il s'a-
gissait, évidemment, pour les initiateurs du futur congrès de provoquer quelque manifestation politique plutôt que de discuter les
intérêts de la viticulture. Ne pouvant obtenir l'assentiment de
l'administration à leur projet, ces messieurs crièrent à l'oppres-
sion, à la confiscation pour eux du droit de réunion qu'on accordait à d'autres, et plus fort que jamais à l'absence de toute liberté
civile et politique. Ils en appelèrent, par la voie du *Journal des
Actionnaires* et la plume de M. Brisson, à l'opinion publique, et
lui représentèrent leurs vues généreuses et la sévérité du pouvoir
avec ce sentiment d'acrimonie qui distingue la parole et les
écrits de nos réformateurs systématiques, et qui décèle aussi
leur impuissance. Ces récriminations ne produisirent aucun
effet sur l'esprit public. Les populations viticoles que l'on
comptait agiter, comprirent, avec leur gros bon sens, que malgré

le défaut d'autorisation du congrès, les intérêts de la viticulture
ne périraient pas. L'idée d'un grand meeting viticole dut être
abandonnée. On parla bien ensuite d'un autre congrès, dit in-
ternational, qui devait réunir les viticulteurs à Genève, mais ce
nouveau projet a, paraît-il, été abandonné.

Les organisateurs de cette démonstration, pour se venger de
leur déconvenue, s'attaquèrent à notre projet d'économie sociale
relatif à la viticulture et à l'industrie des vins, et dont nous
avons parlé plus haut. Ce projet est intitulé : *De la Fondation
d'une Société générale des vins de France, donnant lieu à l'établissement d'un marché général et officiel des vins et à l'institution
d'une Banque de Crédit viticole.* Nous fûmes littéralement dé-
pouillé de toutes les formules économiques qu'il contenait, lesquelles servirent d'abord à composer le questionnaire du congrès. MM. Brisson, de Champvans et consorts bâtirent sur notre
propre fonds, et arrêtèrent les bases d'une grande société vinicole dont nous leur avions fourni l'idée et le plan. La nouvelle
Société dont les fondateurs ne sont sans doute pas étrangers à
l'organisation industrielle qu'on projette en ce moment à Paris
pour la vente des vins, fut montée par les soins de M. Brisson au
capital modeste de 10 millions. Elle eut une immense publicité
qui a dû être fort coûteuse et qui apprit à la France entière et à
l'étranger que ledit Brisson venait de concevoir un vaste projet
d'économie sociale, qui devait changer les conditions de la viticulture et celles de l'industrie des vins. Le public, qui depuis les
nombreuses et malheureuses expériences qu'il a faites dans tant
d'entreprises ruinées, n'accorde plus maintenant sa confiance
qu'à des hommes dont la capacité et l'honorabilité sont attestées
par la notoriété publique, ne répondit pas à l'appel de M. Brisson.
En vain, ce dernier transforma-t-il son projet en le faisant passer
par toutes les formes de la commandite ; en vain, fiut-il-descen-
dre son capital de fondation de 10 millions à 200,000 francs

et patroner son œuvre par de nombreux personnages et de gros propriétaires qui ignoraient la supercherie, le public prévenu, qui ne veut plus être dupé, n'apporta pas son argent.

M. Brisson en cherchant à exploiter les ressources de la viticulture en France et à organiser le Crédit viticole sur les bases que nous avons indiquées, était évidemment dirigé par un mobile d'intérêt privé qui ne s'accorde nullement avec le sentiment des besoins du pays, qui réclame du côté de la consommation et de la production des vins une satisfaction que son génie industriel est impuissant à lui donner. Si cet homme voulait une preuve de ce que nous avançons ici contre lui, nous lui montrerions pièces en mains qu'il a eu recours aux plus petits moyens pour s'assurer le bénéfice de sa spéculation. Voilà où tendent les vues philanthropiques de certains économistes et politiques de l'école démocratique moderne.

L'intérêt viticole, dont nous avons été le premier en France à nous préoccuper et qui a été mis en avant par les membres du congrès de Mâcon, mérite à tous égards de fixer l'attention du Gouvernement. Si notre projet a été pris en sérieuse considération, il doit recevoir son exécution un jour, et ce jour ne peut certainement pas être éloigné. En ce cas, il est indispensable de procéder dès ce moment à un travail de statistique et d'enquête viticole exécuté sans appareil administratif, lequel démontrera, nous en avons la profonde conviction, la nécessité d'organiser la viticulture et l'industrie des vins. L'enquête dont nous parlons devrait être toute pratique et basée sur les motifs précités. Des hommes que leur aptitude spéciale désignerait au choix du Gouvernement devraient former de concert, avec les inspecteurs généraux de l'agriculture, une commission consultative qui aurait pour mission d'explorer nos pays vignobles, de se rendre auprès des sociétés d'agriculture et de viticulture, des comices agricoles et des autorités municipales qui siégent dans les principales villes de nos pays vignobles, voire même auprès des propriétaires-vignerons, pour étudier à fond la question viticole et se bien pénétrer des besoins et des ressources de la viticulture. Des renseignements précieux et d'utiles documents pourraient ainsi être recueillis. Son Exc. le ministre de l'agriculture tracerait à cette commission le programme de ses travaux. L'enquête viticole s'accomplissant dans la forme et pour les motifs que nous lui assignons serait partout approuvée. Un congrès viticole devenu alors utile, pourrait être organisé par l'initiative et les soins du Gouvernement pour couronner l'œuvre de l'enquête. Si l'Empereur, dans sa haute sollicitude pour tous les intérêts du pays, daignait rendre un décret d'approbation sur cette haute question d'économie sociale et agricole, la France entière applaudirait à cette généreuse condescendance. Pascal a dit quelque part que le bourdonnement d'un insecte peut suffire pour détourner la pensée d'un homme de génie. Un bienfait social peut aujourd'hui, à plus forte raison, détourner l'attention d'une malheureuse question politique et l'appeler sur une idée d'intérêt général propre à rallier les dissensions intestines et extérieures dans une grande fédération industrielle.

Les victoires que la France remporte à notre époque dans le champ de l'industrie, ne sont pas moins glorieuses que celles que nos armées ont remportées dernièrement sur les champs de bataille. Si l'Empire ajoute aux grandes choses qu'il a faites celle que nous lui conseillons, il aura acquis de nouveaux droits à la reconnaissance du pays, et la postérité admirera avec un égal étonnement sa splendeur militaire et la grandeur de son génie industriel.